Königshofer · Die Lichtbogen-Schweißmaschinen

Ing. Theodor Königshofer

Die Lichtbogen-Schweißmaschinen

Kurze Einführung in die
Wirkungsweise verschiedenartiger Schweißmaschinen
und deren Verhalten im Betrieb

Mit 28 Textabbildungen

Technischer Verlag Herbert Cram, Berlin W 35
1955

Satz: Walter de Gruyter & Co., Berlin W 35
Druck: Otto von Holten GmbH., Berlin W 35

Vorwort

Die Anforderungen, die an Lichtbogen-Schweißgeräte gestellt werden, lassen keinen Vergleich mit den Bedingungen zu, die normale Maschinen zu erfüllen haben. Es werden u. a. statische und dynamische Charakteristiken mit ganz bestimmtem Verlauf gefordert und es bereitet besonders die Gestaltung der dynamischen Charakteristik, die für die Schweißeigenschaften des Gerätes maßgebend ist, dem Maschinenbauer Schwierigkeiten. Es ist daher sehr natürlich, daß die einzelnen Fabrikate in statischer, besonders aber in dynamischer Hinsicht, sehr voneinander abweichen und daß unter anderem immer wieder folgende Fragen gestellt werden:

Wie kommt es, daß die Schweißeigenschaften der einzelnen Schweißgeräte untereinander so stark verschieden sind? Wie unterscheiden sie sich untereinander? Welcher Stromart, Gleich- oder Wechselstrom, ist der Vorzug zu geben? Wie verhält sich der Einphasen-Schweißtransformator im Netz? Welchem Gerät ist in wirtschaftlicher Hinsicht der Vorzug zu geben?

Das vorliegende, auf praktischen Grundlagen aufgebaute Büchlein versucht über dieses Sondergebiet in leicht verständlicher Art einen Überblick zu geben und die immer wieder gestellten Fragen zu beantworten.

Inhaltsverzeichnis

I. Allgemeines

Der für die Verschweißung der Elektroden erforderliche Schweißstrom J_s muß durch den Lichtbogen L, der eine leitende Strecke im geschlossenen Stromkreis darstellt (Abb. 1), getrieben werden und es ist dazu eine bestimmte Spannung E erforderlich. Wäre die Lichtbogenstrecke ein konstanter Ohmscher Widerstand, dann könnte man die erforderliche Spannung nach dem Ohmschen Gesetz bestimmen und sie würde mit zunehmender Stromstärke proportional, also nach Linie a der Abb. 2 ansteigen. Die Vorgänge im Lichtbogen bewirken aber einen Spannungsverlauf etwa nach Linie b. Demnach nimmt der Widerstand in der Lichtbogenstrecke mit zunehmendem Strom ab oder mit anderen Worten, der Stromanstieg ist eine Folge davon, daß die Lichtbogenstrecke mit zunehmendem Strom besser

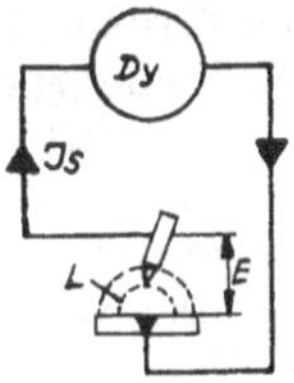

Abb. 1

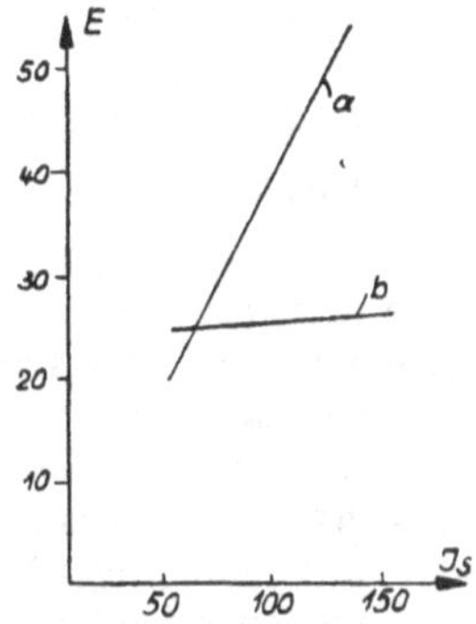

Abb. 2

Abb. 1 Lichtbogenstromkreis

Abb. 2 Vergleichskennlinien

leitend oder stärker ionisiert wird. Da bei der Lichtbogenschweißung die Zündung durch Berührung des Werkstückes mit der Elektrode eingeleitet wird, genügt eine kleine Maschinen-Leerlaufspannung, weil beim Abheben der Elektrode über die erhitzten Elektrodenpunkte sofort die Elektronenwanderung bzw. die Strecken-Ionisation einsetzt, wodurch die Zündung begünstigt wird. Ohne Berührung des Werkstückes würde man zur Zündung des Lichtbogens mehrere tausend Volt Leerlaufspannung benötigen. Bei kleinen Stromstärken wird die Bildung des Lichtbogens dadurch erschwert, daß die Leitfähigkeit in der Lichtbogenstrecke infolge der geringen Elektronenausstrahlung schon sehr gering wird. Durch besondere Mittel (Elektrodenumhüllung) kann die Leitfähigkeit der Lichtbogenstrecke verbessert werden, weshalb z. B. für Wechselstromschweißungen bei sehr kleinen

Stromstärken meistens gut ionisierende Spezialelektroden verwendet werden. Auch die Schweißung mit großen Stromstärken und hohen Arbeitsspannungen, beispielsweise die Verschweißung der Tiefbrandelektroden, stellt an den Generator erhöhte Anforderungen, weil auch diese hohen Lichtbogenspannungen vom Kurzschluß heraus sehr rasch aufgebaut werden müssen. Für die Verschweißung der verschiedenen Elektrodensorten werden angenähert die in Abb. 3 in Abhängigkeit von der Schweißstromstärke J_s angegebenen Lichtbogenspannungen E_s be-

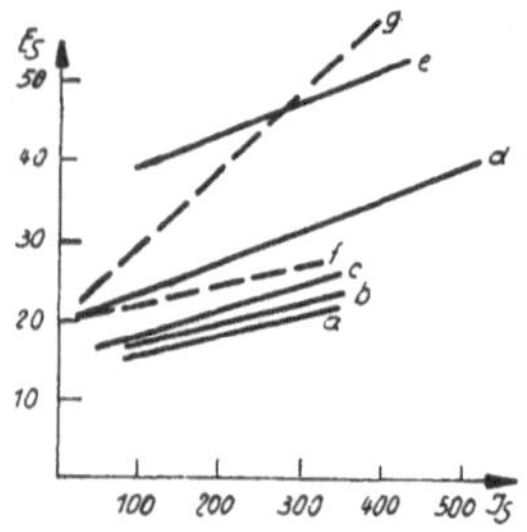

Abb. 3

Abb. 3. Lichtbogenspannungen in Abhängigkeit vom Schweißstrom

a für Blankelektroden
b für Seelenelektroden
c für leichtgetauchte Elektroden
d für starkummantelte Elektroden
e für Tiefbrandelektroden
f für Aluminiumelektroden
g für Kohleelektroden

nötigt und es gelten die in der Abb. 3 gezeichneten Kurven für die in der Legende zur Abb. 3 angegebenen Elektroden. Bei der Kohlelichtbogenschweißung kann man mit derselben Stromstärke auch mit sehr verschiedenen Lichtbogenlängen bzw. Lichtbogenspannungen arbeiten, was in der Praxis auch ausgenutzt wird. Beim Zünden müssen nun die Lichtbogenspannungen augenblicklich zur Verfügung stehen, was an das dynamische Verhalten der Maschine besondere Anforderungen stellt.

In diesem Zusammenhang sei noch bemerkt, daß bei der Lichtbogenschweißung die hohe Temperatur von etwa 4000° C nicht durch den Schweißstrom entsteht, sondern durch den Elektronenaufprall (starke örtliche Erhitzung durch mechanische Einwirkung), wobei die Lichtbogenstrecke ein beweglicher, elektrischer Leiter ist, der von magnetischen Feldern abgelenkt wird, so daß es mitunter zu Lichtbogenablenkungen, sogenannten „Blaswirkungen", kommt.

Mit einem Gleichstrom-Schweißgenerator, der gute schweißtechnische, d.h. dynamische Eigenschaften besitzt, lassen sich bekanntlich alle Elektrodensorten mühelos zünden und verschweißen. Mit einem Wechselstromschweißgerät sind Nichteisen- und Blankelektroden (polaritätsabhängige Elektroden) aus folgenden Gründen nicht verschweißbar: Beispielsweise ändert der 50periodige Wechselstrom in der Sekunde hundertmal seine Richtung und es wird durch die Polaritätsänderungen und die dabei auftretenden kurzzeitigen Stromunterbrechungen das Schweißen (insbesondere aber das Zünden) praktisch unmöglich gemacht. Verwendet man aber Elektroden, die die Lichtbogenstrecke gut leitend machen (ionisieren), z. B. getauchte oder ummantelte Elektroden, dann ist die Schweißung möglich und es wird die Verschweißbarkeit maßgebend von der Ionisationsfähigkeit der Elektrode beeinflußt. Bei der Wechselstromschweißung kann man außerdem bei Schweißungen mit kleineren Stromstärken noch feststellen, daß sich schlechter verschweißbare Elektrodensorten dann schwer zünden lassen, wenn das Werkstück kalt ist, daß aber das Schweißen selbst keine Schwierigkeiten bereitet und bei vorgewärmtem Material auch die Zündung mühelos gelingt. Diese Erscheinung ist darauf zurückzuführen, daß wegen des Stromnulldurchganges und der Kleinheit des Schweißstromes die Elektroden stark abkühlen, so daß die Lichtbogenstrecke im Augenblick des Zündens ungenügend ionisiert ist. Um u. a. das Verschweißen von Blankelektroden auch mit Wechselstrom zu ermöglichen und um Zündschwierigkeiten zu begegnen, werden daher bei der Wechselstromschweißung auch Hochfrequenz-Überlagerungsgeräte mit etwa 1 Million Perioden/Sekunde (auch Zündgeräte genannt) verwendet, weil auch vielfache Netzfrequenzen, wie sie einige Schweißgeräte besitzen, bei der Handschweißung noch keinen nennenswerten Erfolg bringen. Der Hochfrequenzstrom mit mehreren tausend Volt ist dem Schweißstrom überlagert und bewirkt eine so gute Streckenionisation, daß die Lichtbogenzündung oft schon vor der Berührung des Werkstückes erfolgt. Mit solchen Geräten bereitet auch die Verarbeitung von Blank- oder Seelenelektroden keine Schwierigkeiten mehr, aber die Güte der „Schweiße" erreicht nicht den Wert der Gleichstromschweißung und man kann u. a. als Nachteil feststellen, daß kein genügender Einbrand erzielt wird. Die Blankelektroden sind je nach Legierung mit dem Minus- oder Pluspol an der Elektrode zu verschweißen und es würde die Nichtbeachtung der Polarität auch bei der Gleichstromschweißung die Verschweißung erschweren und die Güte der „Schweiße" vermindern. Die Hochfrequenz-Überlagerungsgeräte sind daher für das Verschweißen von Blankelektroden nur bedingt geeignet, sie sind aber bei der Wechselstromschweißung als gute Ionisatoren für Sonderschweißungen, beispielsweise bei der Aluminiumschweißung, unentbehrlich. Mit einem guten Gleichstrom-Schweißgerät sind bekanntlich auch diese Elektroden einwandfrei verschweißbar.

Mit geeigneten Transformator-Elektroden (getauchte oder ummantelte) ist die Wechselstromschweißung in jeder Hinsicht der Gleichstromschweißung gleichwertig und man benötigt für deren Verarbeitung kein Zündgerät. Bei der Wechselstromschweißung treten fast keine magnetischen Lichtbogenablenkungen auf, weshalb diese Stromart u. a. bei selbsttätigen Schweißverfahren, wenn stärkere Ablenkungen auftreten, Vorteile bringt.

Bei der Handschweißung wirken sich magnetische Lichtbogenablenkungen, wie sie mitunter bei der Gleichstromschweißung auftreten, bekanntlich nicht schädlich aus, weil sie sich durch eine geeignete Elektrodenführung praktisch ausgleichen lassen.

Mit dem Schweißtransformator können auch Schweißungen mit Kohleelektroden durchgeführt werden, aber nicht in dem Ausmaße wie bei der Gleichstromschweißung, weil der Lichtbogen naturgemäß viel unruhiger brennt, so daß für Dünnblech-Kohlelichtbogenschweißungen, also Schweißungen mit kleinen Stromstärken, praktisch nur der Gleichstrom in Betracht kommt.

Das über die Verschweißbarkeit von Elektroden Gesagte gilt natürlich für alle Wechselstrom-Schweißgeräte wie Schweißtransformatoren, Schweißwandler, Schweißperiodenumformer und Wechselstrom-Schweißumformer.

II. Gleichstrom-Schweißgeneratoren

Wie schon in der Einleitung erwähnt, sind die an Schweißgeneratoren gestellten Anforderungen sehr verschieden von denen an normale Maschinen. Beispielsweise muß die Belastungscharakteristik, auch Strom-Spannungscharakteristik oder statische Charakteristik genannt, stark fallend sein und außerdem muß der Generator über den ganzen Regelbereich gute Schweißeigenschaften besitzen, die durch die dynamische Charakteristik ersichtlich gemacht werden können.

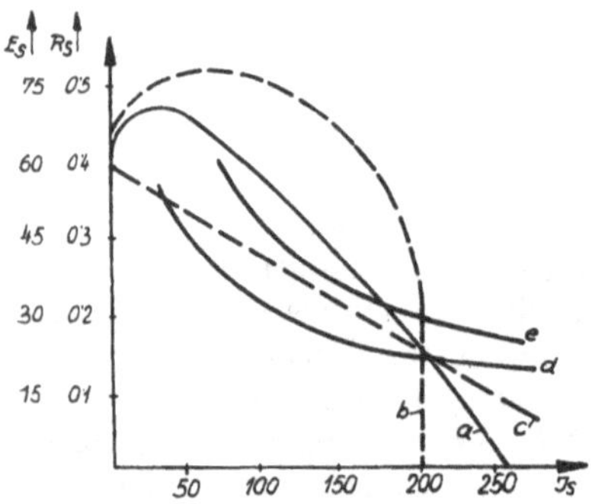

Abb. 4. Statische und dynamische Charakteristiken (Sollformen)

Die statische Charakteristik soll etwa so verlaufen, wie es die Kurve *a* der Abb. 4 zeigt, d. h. die Leerlaufspannung der Maschine soll möglichst klein sein, weil schon etwa 60 Volt den Schweißer gefährden können. Sie soll auch nicht weniger als 40 Volt betragen, da sonst bei unreinen oder oxydierten Werkstücken die Zündung erschwert wird. Die Neigung der statischen Charakteristik soll schließlich so sein, daß während des Schweißens durch unregelmäßige Elektrodenführung — Verlängerung und Verkürzung des Lichtbogens — keine größeren Leistungs- und Stromschwankungen vorkommen. Demnach soll der Verlauf dieser Charakteristik weder zu steil, etwa nach Kurve *b* oder zu flach nach Kurve *c* erfolgen. Am geeignetsten ist daher eine Charakteristik nach *a*, bei welcher das Verhältnis

$$\frac{\text{Dauerkurzschlußstrom}}{\text{Schweißstrom}} = \frac{J_D}{J} \cong 1{,}3 \text{ bis } 1{,}5$$

ist. Sehr häufig wird bei den Lichtbogen-Schweißgeneratoren die Leerlaufspannung als Zündspannung bezeichnet und man ist der Meinung, daß die Zünd- und Schweißeigenschaften um so besser sind, je größer die Leerlaufspannung ist. Diese Auffassung ist nicht richtig, weil die Zündung des Lichtbogens aus dem Kurzschluß heraus erfolgt (Maschinenspannung null) und es ist keine Seltenheit, daß Maschinen mit niedriger Leerlaufspannung besser schweißen als solche mit hoher. Bei Schweißtransformatoren besteht zwischen Leerlauf- und Zündspannung zwar ein engerer Zusammenhang, es ist aber auch hier eine Gleichsetzung unstatthaft; die Begründung dafür wird im Abschnitt III gegeben.

Die dynamische Charakteristik, die die Abhängigkeit des Scheinwiderstandes R_s vom Schweißstrom J_s zeigt, soll etwa nach Kurve *d* verlaufen, weil ein zu flacher Verlauf im Bereiche niedriger Ströme eine Zündspannung ergeben kann, die kleiner ist als die für die Aufrechterhaltung des Lichtbogens erforderliche Mindestspannung. Die Kurve *d* gilt angenähert für leichtgetauchte Elektroden oder Seelenelektroden und *e* für Blankelektroden.

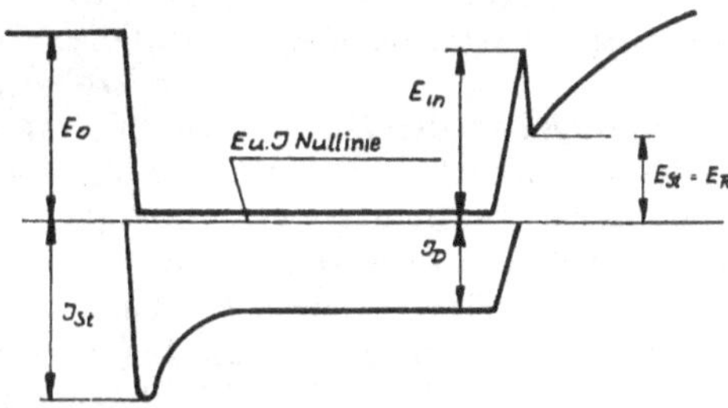

Abb. 5. Oszillogramm einer L-K-L-Schaltung

Die Beurteilung der Maschine auf schweißtechnische Eignung bzw. auf das dynamische Verhalten erfolgt durch Oszillogramme in der Art, daß der Ein- oder Ausschaltungsvorgang eines Kurzschlusses, Leerlauf-Kurzschluß Leerlauf oder L-K-L-Schaltung genannt, oszillographiert wird (Abb. 5). Bei diesem Vorgang tritt beim Einschalten (L-K-Schaltung) vor der Erreichung des Dauerkurzschlußstromes J_D ganz kurzzeitig eine Stromspitze J_S auf, deren Größe vom Scheinwiderstand der Maschine abhängig ist. Beim Ausschalten (K-L-Schaltung) entsteht eine Stoßspannung E_{St}, deren Größe auch vom Scheinwiderstand beeinflußt wird. Die Abb. 5 zeigt ein solches Schaltoszillogramm.

Der Ausgleichsvorgang ist u. a. durch die verschiedenartige Gestaltung der magnetischen Pfade bestimmt. Auf die rechnerische Behandlung des Vorganges kann im Rahmen dieses Buches nicht eingegangen werden. Es wird hier nur gesagt, daß zwischen dem Stoßstrom und der Stoßspannung ein enger Zusammenhang besteht und zwar ist allgemein die Stoßspannung um so kleiner, je größer der auf den Dauerkurzschlußstrom bezogene Stoßstrom ist, weil er die Steilheit der Scheinwiderstandslinie bestimmt. Dieser Zusammenhang läßt sich durch das Strom-Spannungsdiagramm der Abb. 6 angenähert darstellen. In diesem Diagramm wird angenommen, daß die Scheinwiderstandslinie L_s, die durch die Leerlaufspannung E_0 und den Stoßstrom J_{St} begrenzt ist, sich von jedem beliebigen Belastungspunkt weg, parallel zur Linie L_s verschiebt.

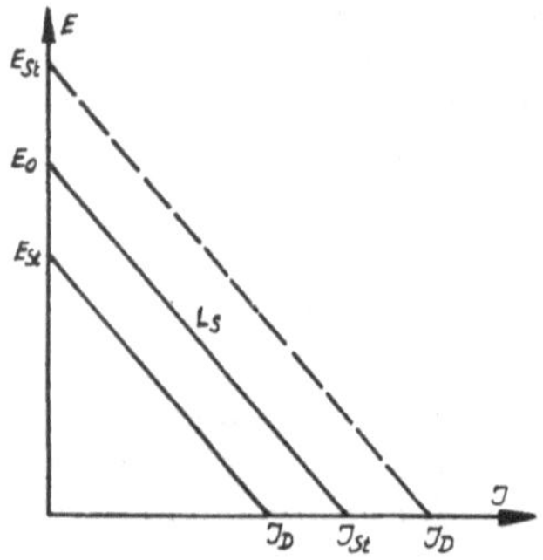

Abb. 6
Strom-Spannungsdiagramm

Zieht man also in Abb. 6 durch J_D (Belastungspunkt vor der Unterbrechung des Kurzschlusses) eine Parallele zu L_s, dann ergibt der Ordinatenschnittpunkt die gesuchte Stoßspannung E_{St}. Es geht also J_{St} auf J_D über und mit der dieser Stromstärke zugehörigen Erregung erfolgt die Magnetisierung der Maschine vom Kurzschluß heraus. Da die Dauerkurzschlußstromstärke von der jeweiligen Stromeinstellung der Maschine abhängt, ist die Größe der Stoßspannung offenbar nicht nur von der Steilheit der Scheinwiderstandslinie L_s allein abhängig, sondern es kann bei größeren Schweißstromstärken J_{St} auch kleiner als J_D sein und dementsprechend E_{St} größer als E_0 werden (Abb. 6, strichliert). Bei kleinen Stromstärken kann die Stoßspannung schon so klein werden, daß die Bildung oder Aufrechterhaltung des Schweißlichtbogens unmöglich wird. Ein großer Stoßstrom oder ein kleiner Scheinwiderstand ist daher immer ein Zeichen dafür, daß die Maschine zu träge ist bzw. daß das die Klemmenspannung erzeugende Feld sich zu langsam ändert. Aus diesem Grunde muß beim Kurzschluß der Maschine das Feld — bei Querfeldmaschinen das Querfeld — rasch abgebaut und beim Zünden schnell aufgebaut werden.

Nach dem Vorhergesagten eignet sich der Scheinwiderstand R_s in Ohm, der durch das Verhältnis

$$\frac{\text{Leerlaufspannung}}{\text{Stoßkurzschlußstrom}} = \frac{E_0}{J_{St}}$$

definiert ist, bestens als Kriterium für die Beurteilung einer Maschine auf schweißtechnische Eignung.

Die L-K-Schaltung dient zur Bestimmung des Scheinwiderstandes und die K-L-Schaltung zur Ersichtlichmachung der Spannungsrückkehr aus dem Kurzschluß. Beim letztgenannten Schaltvorgang ist es nun so, daß sich beim Öffnen des Kurzschlußkreises, wie bei jeder Stromkreisunterbrechung, erstens ein Lichtbogen mit einem bestimmten Spannungswert bildet (dieser Lichtbogen muß einmal verlöschen), zweitens während der

Stromabnahme eine Induktionsspannung E_{in} auftritt, die offenbar umso größer ist, je schneller geschaltet wird und drittens sich die Maschinen- oder Rotationsspannung E_{ro} um so schneller aufbaut, je stärker die Maschine im Zeitpunkt der Unterbrechung erregt ist. Durch das gleichzeitige Auftreten der Induktions- und Rotationsspannung im kritischen Augenblick, der ja nur einen Bruchteil einer Sekunde währt, wird die dynamische Beurteilung der Maschine bei der K-L-Schaltung ungewiß, weshalb der Einfachheit wegen angenommen wurde, daß $E_{St} \cong E_{r0}$ ist. Die K-L Aufnahme gibt also nur angenähert darüber Aufschluß, ob die Maschine befähigt ist, die erforderlichen Lichtbogenspannungen rechtzeitig aufzubauen.

Gute Schweißeigenschaften sind über den ganzen Regelbereich nur dann gegeben, wenn der Scheinwiderstand die in Abb. 4 angegebenen Werte erreicht. Denn durch praktische Schweißversuche wurde festgestellt, daß die dynamische Charakteristik einen hyperbelähnlichen Verlauf, etwa nach Abb. 4, haben muß. Dazu ist noch zu sagen, daß für Dünnblechschweißungen mit etwa 20 bis 40 A häufig die Kohlelichtbogenschweißung angewendet wird und für diese Arbeiten ein Scheinwiderstand von etwa 0,45 Ohm erforderlich ist.

Die Gestaltung der dynamischen Charakteristiken nach Abb. 4 bereitet dem Maschinenbauer Schwierigkeiten, weshalb bei vielen auf dem Markt befindlichen Schweißmaschinen diese Charakteristiken mehr oder weniger stark von der Sollform abweichen, besonders im Bereiche niedriger Ströme. Es wird daher im unteren Strombereich eine Verbesserung der Schweißeigenschaften häufig durch Ohmsche Widerstände, mitunter durch regelbare Widerstände, im Schweißstromkreis erzwungen. Der durch den Widerstand verursachte Spannungsabfall fordert eine erhöhte Maschinenerregung, also eine Maschineneinstellung auf eine höhere Stromstärke, und es können dadurch die Schweißeigenschaften so verbessert oder die Scheinwiderstandswerte so erhöht werden, daß sie die Sollwerte erreichen. Diese Maßnahme ist natürlich mit Verlusten verbunden und die Betriebssicherheit wird besonders dann nachteilig beeinträchtigt, wenn regelbare Vorwiderstände verwendet werden.

Die Gleichstrom-Schweißumformer bestehen meistens aus einem Antriebsmotor und einem Gleichstromgenerator. Stark verbreitet ist die Eingehäusebauart und es haben bei dieser Ausführung der Dynamoanker und der Motorläufer eine gemeinsame Welle. Bei Schweißgeneratoren mit Fremderregung wird natürlich eine fremde Stromquelle benötigt und es ist üblich, für die Speisung der Fremderregung eine kleine Erregermachine E (Abb. 7a) zu verwenden, deren Anker häufig auf die verlängerte Umformerwelle aufgeschoben wird. Die Erregermaschine wird auch durch Trockengleichrichter ersetzt. Um eine niedrige Wechselspannung zu erhalten, ist es üblich, den

Gleichrichter an einen angezapften Wicklungsstrang des Motors (Abb. 7b) anzuschließen.

Eine ähnliche Ausführung findet man auch bei selbsterregten Reihenschlußgeneratoren, z. B. bei Querfeldmaschinen. In diesem Falle wird eine sogenannte Hilfswicklung mit wenigen Windungen, die mit der Ständerwicklung keine Verbindung hat, in die Ständernuten eingelegt und es wird in dieser Wicklung vom Drehfeld des Motors eine Spannung von etwa 10 Volt induziert, die zur Speisung eines kleinen Trockengleichrichters dient.

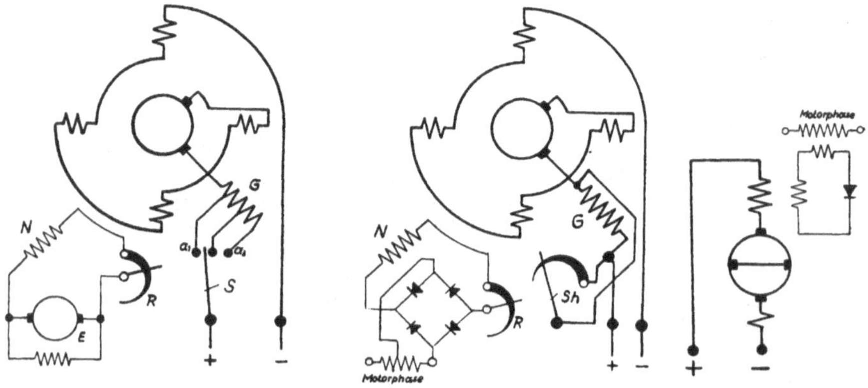

a) b) c)

Abb. 7a—c. Prinzipschaltbilder von Gegenreihenschluß- und Querfeldgenerator

Die Abb. 7c zeigt das Prinzipschaltbild einer solchen Ausführung. In diesem Falle wird die sehr schwache Fremderregung mit etwa 12 Watt Erregerleistung zum Zwecke des Umpolschutzes angewendet. Bei der später beschriebenen Querfeld-Steuerpolmaschine wird diese Anordnung gleichzeitig auch für die Polaritätsänderung der Maschine mittels eines kleinen Polwendeschalters verwendet.

Umpolungen können nämlich dann auftreten, wenn mit mehreren Generatoren gleichzeitig an einem Werkstück gearbeitet wird. Die Polaritätsänderungseinrichtung bewirkt die Umpolung der Maschine, so daß bei der Verschweißung von Elektroden verschiedener Polarität die Schweißkabelanschlüsse nicht gewechselt werden müssen. Bei der Ausführung nach *a* und *b* fällt die Maschine bei einem Defekt im Fremderregerkreis aus und im letztgenannten Fall geht nur der Umpolschutz bzw. die Polwendemöglichkeit verloren.

Die Umformer belasten das Netz vollkommen symmetrisch und es gelten für den Anschluß im allgemeinen dieselben Bedingungen wie für jeden anderen Drehstrommotor mit Stern-Dreieck(⅄△)-Anlauf. Bei Lichtbogenleistungen, die etwa unter 50% der Maschinenleistung liegen, besteht die Möglichkeit, in der Motorsternstellung zu arbeiten (erste Schaltstufe beim ⅄△-Schalter), wodurch sich sehr günstige Netzanschlußverhältnisse ergeben; die Leerlaufverluste verkleinern sich und der Leerlauf- und Teillastleistungsfaktor erreicht etwa 0,86 bis 0,89, also äußerst hohe Werte.

Die an eine gute Schweißmaschine gestellten Anforderungen können auf verschiedene Art erfüllt werden; man ist natürlich bestrebt, mit einfachen Mitteln und möglichst verlustlos auszukommen. Solche Mittel sind u. a. die Gegenreihenschlußwicklung und die verstärkte Ankerrückwirkung mit oder ohne Bürstenverschiebung. Von den vielen Ausführungen werden nachstehend zwei stark verbreitete Bauarten, und zwar der Gegenreihenschluß-Generator und die Querfeldmaschine besprochen, weil sich diese beiden Bauarten wegen des verschiedenartigen Verhaltens bestens für einen Vergleich eignen. Die Abb. 7a zeigt das Prinzipschaltbild eines fremderregten, gegenkompoundierten Nebenschlußgenerators mit Erregermaschine. Diese Maschine wird auch als Gegenreihenschluß- oder Gegenverbundgenerator bezeichnet. Die Nebenschluß- oder Fremderregung N wird von der Erregermaschine E gespeist und als Gegenerregung wird eine vom Schweißstrom durchflossene Reihenschlußwicklung G verwendet. Je größer z. B. die Ampere-Windungszahl der Gegenreihenschlußwicklung ist, um so kleiner ist die Maschinenstromstärke. Die Grobstromregelung erfolgt mit dem Schalter S. Die Abb. 7b zeigt denselben Generator, jedoch ist die Erregermaschine durch einen Gleichrichter ersetzt und es erfolgt die Grobstromregelung durch Shuntung der Gegenreihenschlußwicklung mit dem Regler Sh. Die Feinregelung der Stromstärke erfolgt in beiden Fällen mit dem Nebenschlußregler R. Mit diesem Regler wird also das Grundfeld verändert, d. h. es wird damit auch die Leerlaufspannung der Maschine mitgeregelt. Es haben daher die statischen Charakteristiken bei den Reglerstellungen $a_1/a_2/a_3$ etwa die in Abb. 8 gezeigten Formen, wenn die Leerlaufspannung E_0 auf E_0' regelbar ist. Allgemein haben die Charakteristiken einen flachen Verlauf, weshalb diese Bauart zur Erfüllung der statischen Bedingungen meistens größere Leerlaufspannungen benötigt. Es sind Leerlaufspannungen bis etwa 100 V üblich und etwa 80 V die Regel. Es besteht kein Zweifel, daß

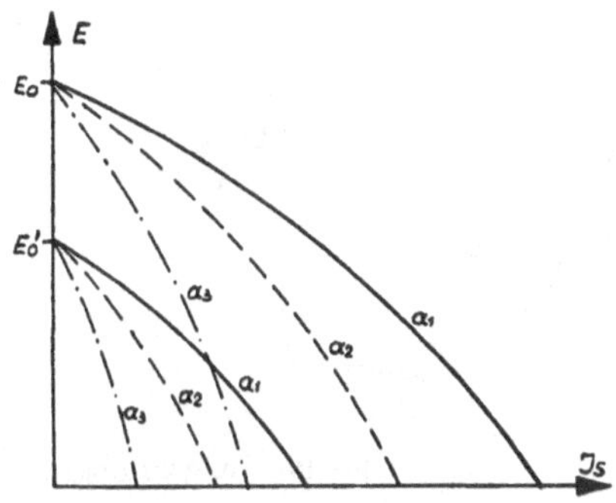

Abb. 8. Statische Charakteristik eines Gegenverbund-Generators

die statischen Charakteristiken von Querfeldmaschinen (Abb. 14) einen zweckmäßigeren Verlauf haben. In dynamischer Hinsicht kann man bei Gegenverbund-Generatoren feststellen, daß die dynamischen Charakteristiken oder die Scheinwiderstandswerte je nach Fabrikat untereinander, aber auch von der Sollform stark abweichen. Weiter ist zu erwarten, daß sich die Gegenverbundmaschine aus dem Kurzschluß heraus wegen der veränderlichen Fremderregung in Abhängigkeit von der Reglerstellung mehr oder weniger schnell erregt bzw. daß die Größe der Stoßspannung E_{st} u. a. auch von der Reglerstellung abhängig ist. Die Abb. 9a zeigt das Schaltoszillogramm einer modernen Maschine mit einer Einstellung auf kleine Leerlaufspannung (E_0) und schwaches Gegenfeld bei einem Schweiß-

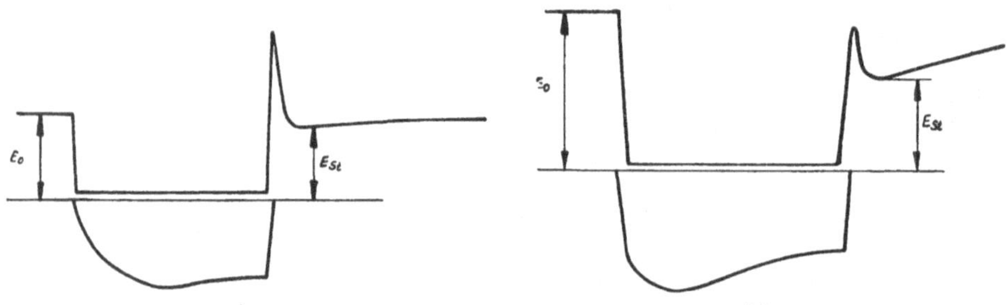

a) b)

Abb. 9a—b. Oszillogramme einer Gegenverbundmaschine

strom von etwa 230 A. Die Abb. 9b zeigt das Oszillogramm bei einer Einstellung auf etwa 2 E_0 und stärkeres Gegenfeld bei etwa 230 A, d. h. die Stoßspannung vermindert sich tatsächlich mit abnehmender Leerlaufspannung ganz beträchtlich. Weiter kann man dem Oszillogramm entnehmen, daß die Maschinenspannung von E_{st} weg allmählich dem Leerlaufwert zustrebt. Bei der Querfeldmaschine (Abb. 13) erfolgt der Spannungsanstieg zuerst rasch auf einen Überwert und es ist das verschiedenartige Verhalten bei der K-L-Schaltung ein Charakteristikum für die beiden Generatorsysteme. Bei den Gegenverbundmaschinen ist eine stärkere, gegenseitige Beeinflussung der beiden Erregungen feststellbar, wodurch die Feldänderungen verzögert werden und eine Verschlechterung der dynamischen oder schweißtechnischen Eigenschaften ist die Folge davon. Die von dieser Bauart erwartete rasche Erregung vom Kurzschluß heraus tritt nicht so ohne weiteres ein und es sind zur Verbesserung der dynamischen Eigenschaften besondere Maßnahmen[1] erforderlich.

Die Querfeldmaschine erzeugt sich das Gegenfeld selbst und zwar im Anker. Die Stromregulierung erfolgt z. B. bei der ELIN-Rosenbergmaschine mit sogenannten Tauch- oder Regulierpolen; diese Maschine wurde in der Literatur[2] bereits eingehend erörtert. Es wird daher nur des Vergleiches wegen der magnetische Aufbau der Regulierpolmaschine kurz besprochen, weil später die von der ELIN neu entwickelte, von der bisherigen Bauart erheblich abweichende Querfeld-Steuerpolmaschine ausführlich behandelt wird. Die Abb. 10 zeigt den magnetischen Aufbau einer modernen Regulierpolmaschine. In einem massiven Gehäuse befinden sich zwei Magnetpole mit kleinem Schenkelquerschnitt und es ist der obere als becherförmiger Regelpol R_p ausgebildet. Mit dem Handrad H kann der Eisenkern E beliebig verstellt und auf diese Art die Stromstärke der Maschine reguliert werden. Beispielsweise wird durch das Herausdrehen des Eisenkernes der Polkern stark gesättigt oder mit anderen Worten, der magnetische Widerstand wird vergrößert, so daß der von den Magnetspulen erzeugte Kraftfluß im Anker nicht voll wirksam wird (Ausbildung eines kräftigen Streuflusses) und es hat dies eine Stromabnahme zur Folge. Die außergewöhnlich stark ausgeprägten Polschuhe begünstigen insbesondere die Ausbildung des Ankerquerfeldes. Im unteren Fixpol findet man bei einigen Typen dieser Bauweise auch einen Permanentmagneten zum Zwecke des Umpolschutzes eingebaut. In diesen Fällen entfällt natürlich der Umpolschutzgleichrichter.

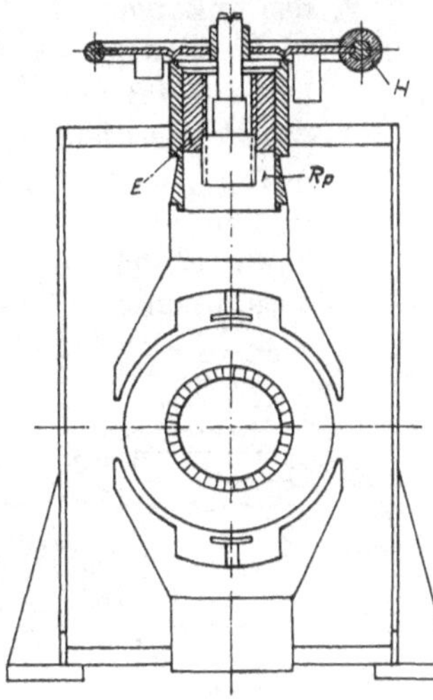

Abb. 10
Magnetischer Aufbau der Regulierpol-Querfeldmaschine

Die von der ELIN AG., Wien-Weiz, nach Patenten des Verfassers gebaute Querfeld-Steuerpolmaschine unterscheidet sich von den normalen Querfeldmaschinen insbesondere durch ein zusätzliches Polsystem (Steuerpol) mit einem eigenen magnetischen Pfad.

Die Funktion der Steuerpolmaschine wird nachstehend an Hand der Abb. 11 erläutert.

Durch das schwache Remanenzfeld F_r wird im umlaufenden Anker eine kleine Spannung induziert, die an den offenen Hilfsbürsten b—b' gemessen werden kann. Bei kurzgeschlossenen Hilfsbürsten entsteht, da der Kurzschluß über einen starken Bügel praktisch widerstandslos erfolgt, ein relativ großer Strom J_q, der das zum Remanenzfeld quergerichtete Querfeld F_q, erzeugt. Das Querfeld, das im umlaufenden Anker als stillstehendes Feld wirkt, induziert in der Ankerwicklung auch eine Spannung, und zwar die Maschinenspannung, die an den gegenüber den Hilfsbürsten um 90° versetzten Hauptbürsten B_1—B_2 abgenommen wird. Wegen der üblichen Ausführung der Ankerwicklung sind an der ausgeführten Maschine die Bürsten um 90° räumlich verschoben. Bei Belastung ändert sich das Querfeld, und es wirken außer diesem noch folgende Felder:

1. Das durch die Hauptstromwicklung erzeugte Feld F_h, das die gleiche Richtung hat wie das Remanenzfeld F_r;
2. das Ankergegenfeld F_g, das dem Hauptfeld F_h entgegenwirkt. $F_h - F_g = F_d$ ist das tatsächlich wirkende Differenzfeld in der Anker-Hauptpolrichtung bei Vernachlässigung des Steuerpolfeldes F_{st};
3. das Polstreufeld F_s und
4. das Steuerfeld F_{st}, welches je nach der Spulenschaltung entweder die gleiche oder die entgegengesetzte Richtung wie das Ankergegenfeld hat und sich mit diesem zum resultierenden Ankergegenfeld $F_{g\,\mathrm{res}}$ zusammensetzt. Es ist also $F_{g\,\mathrm{res}} = F_g \pm F_{st}$.

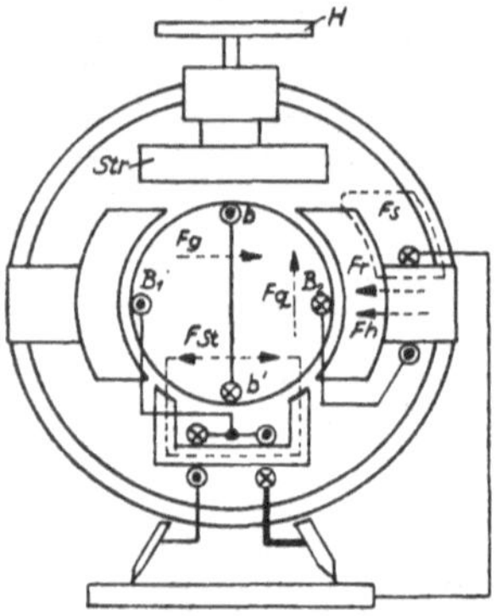

Abb. 11
Prinzip des magnetischen Aufbaues der Steuerpolmaschine

Im Leerlauf hat der Hilfsbürstenstrom J_q schon einen größeren Wert und der Nutzstrom J_n ist Null. Wird die Maschine kurzgeschlossen, z. B. beim Zünden des Lichtbogens, so wird der Nutzstromkreis von einem Strom J_n durchflossen, der einerseits das Hauptpolfeld und das Streufeld hervorruft und andererseits das dem Hauptpolfeld entgegengerichtete Ankerfeld. Es entsteht also das Differenzfeld F_d und damit ist der stationäre Zustand in der Maschine hergestellt, wenn man das Steuerpolfeld vernachlässigt.

Die in Abb. 11 schematisch dargestellte Steuerpolmaschine läßt auf den ersten Blick einen anscheinend verhängnisvollen Eingriff in das normale Querfeldsystem erkennen. Die bei der normalen Querfeldbauweise außergewöhnlich stark ausgeprägten Polschuhe sind gestutzt und es tritt an die Stelle der unteren Polspitzen als neues Konstruktionselement der Steuerpol.

Wird nun die Steuerpolwicklung so vom Hauptstrom durchflossen, daß das Steuerpolfeld dem Ankergegenfeld entgegengerichtet ist, dann wird der durch die Kürzung der Polspitzen verursachte große Leistungsverlust nicht nur kompensiert, sondern darüber hinaus eine beachtliche Leistungssteigerung erzielt, weil die Zusatzerregung nicht über den stark gesättigten magnetischen Hauptkreis der Maschine erfolgt. Bei dieser Steuerpolschaltung entsteht der Großstrombereich der Maschine. Kehrt man die Richtung des Steuerpolfeldes durch Anschluß an die entsprechende

Spulenklemme (s. Abb. 11) um — die Feldwendung erfolgt ohne Schalter —, dann wird wegen des zusätzlich und direkt wirkenden Ankergegenfeldes das dynamische Verhalten sehr günstig, weil das Feld bei Schaltmanövern die Feldänderungen im erforderlichen und bereits beschriebenen Sinne beeinflußt. Beispielsweise wird beim Öffnen des Kurzschlusses (K-L-Schaltung) das Steuerpolgegenfeld besonders schnell verschwinden, während das durch die Gegenschaltung des Steuerpolfeldes sehr stark gemachte Hauptpolfeld nur langsam abnimmt, mit dem Ergebnis, daß auch bei der Unterbrechung eines kleinen Kurzschlußstroms schon eine sehr große Stoßspannung (Abb. 13) entsteht. Diese Wirkung wird noch durch die verschiedenartige Ausbildung des magnetischen Haupt- und Steuerpolkreises begünstigt. Durch diese Gegenschaltung wird die Maschinenleistung sehr vermindert und es entsteht dadurch der erwünschte Kleinstrombereich mit den hervorragenden Schweißeigenschaften. Die Gegenschaltung wirkt also ähnlich wie ein Widerstand im Schweißstromkreis, aber rein magnetisch, somit praktisch verlustlos. Diese Bauweise stellt somit einen beachtlichen Fortschritt im Bau von Lichtbogenschweißgeneratoren dar, denn bekanntlich sind normale Querfeldmaschinen im Bereiche niedriger Ströme zu träge, worauf in der Fachliteratur auch immer wieder hingewiesen wurde.

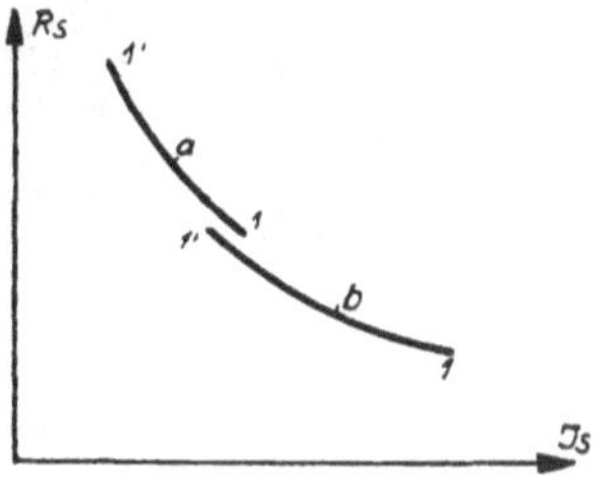

Abb. 12
Dynamische Regelkennlinien der Steuerpolmaschine

Bevor der Endzustand, also das Aufbauen des Differenzfeldes F_d, erreicht wird, spielen sich Vorgänge ab, die das dynamische Verhalten oder die Schweißeigenschaften der Maschine entscheidend beeinflussen. Denn der die Hauptpolwicklung durchfließende Schweißstrom wirkt magnetisch nur auf das Querfeld ein und dieses Querfeld beeinflußt erst die Klemmenspannung. Die infolge der Stromschwankungen im Schweißstromkreis auftretenden Feldänderungen hängen von den Zeitkonstanten des Haupt- und Querfeldes ab. Bei langsamen Feldänderungen treten große Stromspitzen auf, also ein kleiner Scheinwiderstand, und es sind daher Maßnahmen, die vermindernd auf die Stromspitzen einwirken, zu treffen. Eine solche Maßnahme stellt u. a. auch der hauptstromerregte Steuerpol dar, der, wie bereits erwähnt, in der Richtung des Ankergegenfeldes ein zusätzliches Feld, das Steuerfeld F_{st}, erzeugt, welches je nach Spulenschaltung entweder die gleiche oder die entgegengesetzte Richtung wie das Ankergegenfeld F_g hat und sich mit diesem zum resultierenden Ankergegenfeld $F_{g\,res}$ zusammensetzt. Der Einfluß dieses Feldes auf den Verlauf der dynamischen Charakteristiken ist aus Abb. 12 ersichtlich. Die Kurve *a* gilt für einen Steuerfluß, der das Ankergegenfeld verstärkt und die Kurve *b* für einen Steuerfluß mit umgekehrter Wirkung. Der Anstieg der Kurven von 1 auf 1' erfolgt durch die Annäherung des Streujoches *Str*, das zur Regulierung des Schweißstromes dient, an den Anker, d. h. der Scheinwiderstand wird in idealer Art mit der Stromstärke zwangsläufig mitgeregelt. Durch diese Kombination ist es gelungen, die dynamische Charakteristik so zu gestalten, daß sie über den ganzen Regelbereich die

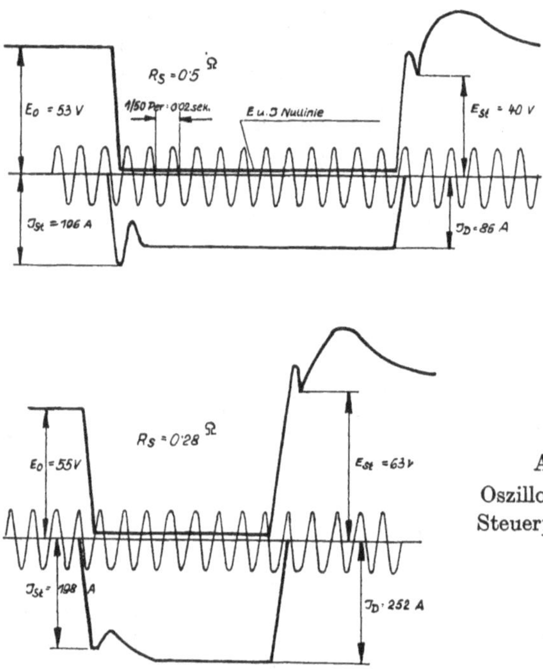

Abb. 13
Oszillogramme der Steuerpolmaschine

gestellten Bedingungen erfüllt. Die Abb. 13 zeigt zum Vergleich die Oszillogramme der L-K-L-Schaltung einer 200 A-Maschine für beide Regelbereiche und zwar für die gleiche Maschineneinstellung bzw. Reglereinstellung und für die beiden Bereichspunkte 1 der Abb. 12, die die niedrigsten Scheinwiderstände in jedem Regelbereich ergeben. Demnach kann auf diese einfache Art der Scheinwiderstand im kleinen Strombereich bei gleicher Reglereinstellung fast verdoppelt werden. Die Originalaufnahmen sind in der EuM[3] veröffentlicht worden. Die Scheinwiderstandswerte liegen weit über den Sollwerten in Abb. 4, d. h. die Maschine gewährleistet auch im

Bereiche niedriger Ströme beste Schweißeigenschaften und es ist tatsächlich so, daß sich auch ein gewöhnlicher Eisendraht mit 1½ oder 2 mm Durchmesser noch einwandfrei zünden und verschweißen läßt; ein praktischer Beweis für hervorragende Schweißeigenschaften. Der Spannungsanstieg erfolgt bei der K-L-Schaltung von E_{St} weg sehr rasch, und zwar zuerst auf einen Leelauf-Überspannungswert, um dann erst auf den Nennwert abzufallen, was die Zündeigenschaften begünstigt. Die Bestimmung der Stoßspannung mittels des Diagramms nach Abb. 6 stimmt zufällig bei dieser Maschine fast genau mit der Wirklichkeit überein und es wird der Zusammenhang zwischen J_{St} und E_{St} durch die beiden Oszillogramme deutlich veranschaulicht, weil in dem einen Fall der Stoßstrom kleiner ist als der Dauerkurzschlußstrom und in dem anderen Fall ist es umgekehrt.

Die Maschine ist weiter so ausgelegt, daß nur der magnetische Pfad des Hauptpolfeldes stark gesättigt ist, so daß sich das Ankerfeld, das den Weg über Polschuhe und Luft nimmt, angenähert proportional mit dem Strom ändern kann. Weiter ist die Haupt- und Steuerpolwindungszahl größer als die mit dem Wirkfaktor umgerechnete Ankerwindungszahl. Demzufolge steigt bis zu einer bestimmten Stromstärke bzw. im ungesättigten Bereich die Maschinenspannung zuerst an, d. h. die Maschine erregt sich von selbst. Mit zunehmender Stromstärke wird durch die die Streuung begünstigende Bauweise der Maschine das Polstreufeld F_s immer größer, d. h. das Ankergegenfeld tritt stärker in Erscheinung mit dem Ergebnis, daß die Maschinenspannung nicht mehr steigt, sondern abnimmt. Bei einer bestimmten Stromstärke wird der ganze Überschuß der Hauptpolamperewindungszahl dazu gebraucht, um den Streufluß durch die Pole zu treiben und es ist in diesem Falle nicht nur das Differenzfeld F_d fast Null (Ankergegenfeld und Polfeld sind fast gleich stark), sondern auch die Maschinenspannung, d. h. dieser Zustand tritt beim Kurzschluß der Maschine ein. Für die Erzeugung des Kurzschlußstromes ist daher nur ein schwaches Feld nötig bzw. ist im Kurzschluß das Querfeld oder der Hilfsbürstenstrom relativ klein (günstiges Kurzschlußverhalten) und von der jeweiligen Stromeinstellung der Maschineabhängig. Auf diese Art erhält man also die angestrebten gekrümmten Belastungs- oder Höckercharakteristiken für Lichtbogenschweißgeneratoren nach Abb. 14. Den Einfluß des Steuerfeldes auf die statischen Charakteristiken macht die Abb. 14 ersichtlich. Die Kurve *b* gilt für einen Steuerfluß im feldschwächenden Sinne und die Kurve *c* für einen Steuerfluß im feldverstärkenden Sinne und es

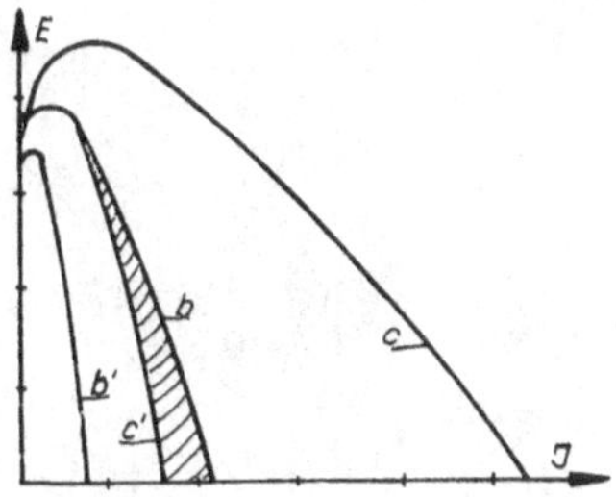

Abb. 14. Statische Regelkennlinien der Steuerpolmaschine

stellen diese beiden Kurven das Strommaximum der Maschine für jeden Regelbereich dar. Mit der besonders einfachen mechanischen Stromregulierungseinrichtung des beweglichen Streujoches kann in jedem Regelbereich die Stromstärke von *b* auf *b'* und von *c* auf *c'* ohne jede Umschaltung stufen- und widerstandlos eingestellt werden, d. h. jeder Strombereich ist für sich weitgehendst regelbar.

Die Stromregulierung erfolgt durch die Verstellung des Streujoches *Str* (Abb. 11) mittels Handrades *H* und es kann die Stromstärke der Maschine auf diese Art in sehr weiten Grenzen verlustlos geregelt werden, indem man den magnetischen Widerstand im Pfade des Ankerfeldes ändert. Wird beispielsweise das Streujoch dem Anker genähert, dann vergrößert sich der magnetische Leitwert im Wege des Ankergegenfeldes. Dieses Feld wird verstärkt bzw. das Differenzfeld geschwächt, was eine Verminderung der Maschinenspannung und damit ein Absinken der Stromstärke zur Folge hat. Die Kurven *b'* und *c'* in Abb. 14 geben die erreichbaren Stromminimumwerte zu den Maximumkurven *b* und *c* an. Außerdem kann jede beliebige Zwischenkurve ohne Zuhilfenahme von Regelwiderständen eingestellt werden und es ist jeder Strombereich, wie aus den statischen Charakteristiken ersichtlich, weitgehendst regelbar. Der kleine Strombereich mit den hohen dynamischen Werten ist, wie bereits erwähnt, für Dünnblechschweißungen bestimmt und der Großstrombereich für Grobblechschweißungen.

Abb. 15. Steuerpol-Kleinschweißumformer mit Drehstrom-Antriebsmotor

Die Stromregelung erfolgt mit dem Handrad vollkommen mühelos auch während des Schweißens und die Stromanzeige ist sehr übersichtlich (Abb. 15), da die geeichten Skalen nebeneinander angeordnet sind. Die Steuerpolmaschine nach Abb. 15 ist mit einem freien Wellenende ausgestattet und es ergeben sich dadurch besonders für den gewerblichen Betrieb u. a. noch folgende Vorteile:

a) Wird das freie Wellenende mit einer Riemenscheibe versehen, dann kann der Antriebsmotor für verschiedenartige Antriebe, z. B. einer Kreissäge, verwendet werden bzw. steht der Antriebsmotor jederzeit als

Reserveantrieb, beispielsweise bei einem Motorausfall, zur Verfügung. Umgekehrt kann der Antrieb des Umformers über die Riemenscheibe von beliebigen Antriebsmaschinen, z. B. Verbrennungsmotoren, erfolgen. Es kommt auch vor, daß der Umformer in Gleichstromnetzen, die später auf Drehstrom umgebaut werden, verwendet wird. In diesem Falle erfolgt der Antrieb über die Riemenscheibe mit einem Gleichstrommotor.

b) Das freie Wellenende gestattet den Antrieb einer Schleifscheibe mittels flexibler Welle.

Ein weiterer Vorteil ergibt sich noch dadurch, daß die Steuerpolmaschine, wie die normale Querfeldmaschine, von der Drehrichtung unabhängig ist. Treibt man sie verkehrt an, dann ändert wohl das Querfeld seine Richtung, die Polarität der von diesem Querfeld induzierten Maschinenspannung bleibt aber unbeeinflußt, weil sich mit dem Querfeld auch die Drehrichtung geändert hat.

Weiter ist die Steuerpolmaschine auch mit einer Polaritätsänderungseinrichtung ausgestattet. Zu diesem Zweck wird eine kleine Spule am Hauptpol des Generators über einen Kleintrockengleichrichter (etwa 15 Watt) gespeist; die Umpolung erfolgt mit einem Kippschalter. Diese Einrichtung schützt die Maschine auch vor Umpolungen, die dann auftreten können, wenn mit mehreren Maschinen gleichzeitig an einem Werkstück gearbeitet wird.

Die vielseitige Verwendbarkeit des Gleichstromumformers und die Tatsache, daß gute Gleichstromumformer wegen der robusten Bauweise eine fast unbegrenzte Lebensdauer haben, machen dieses Gerät daher auch für den gewerblichen Betrieb bestens geeignet. Der Umformer ist gegen größere Netzspannungsabfälle bis etwa 15 %, wie sie in Ortsnetzen häufig vorkommen, unempfindlich.

III. Schweißtransformatoren mit einphasigem Anschluß

Die an die Gleichstrom-Schweißgeneratoren gestellten Anforderungen gelten auch für die Schweißtransformatoren und es müssen daher auch diese Geräte u. a. eine stark fallende Charakteristik, die mittels Streutransformatoren oder Drosseln erzielt wird, besitzen. Gute Schweißeigenschaften werden durch eine große Streuung erzielt, weshalb diese Geräte mit einem schlechten Leistungsfaktor, im Mittel etwa 0,4, arbeiten. Allgemein wird daher der Leistungsfaktor mittels Kondensatoren (Blindleistungskompensation) auf etwa 0,6 bis 0,7 gehoben.

Bei den Gleichstrom-Schweißgeneratoren kann die schweißtechnische Eignung einer Maschine, wie bereits geschildert, meßtechnisch durch die

Ermittlung des Scheinwiderstandes R_s festgestellt werden und es sind die erforderlichen Scheinwiderstände in Abhängigkeit von der Schweißstromstärke angenähert in Abb. 16 mit Kurve *a* ersichtlich gemacht, und zwar für eine bestimmte Elektrodensorte. Bei den Wechselstrom-Schweißgeräten ist diese Möglichkeit nicht gegeben, man kann aber beim Schweißen eine ähnliche Feststellung machen, nämlich die, daß bei konstanter Leerlaufspannung mit abnehmender Stromstärke die Schweißeigenschaften immer schlechter werden und eine Erhöhung der Leerlaufspannung eine Verbesserung bringt. War es beim Gleichstromgenerator der erhöhte Scheinwiderstand, der bei niedrigen Stromstärken die Schweißeigenschaften verbesserte, so ist es hier die erhöhte Leerlaufspannung. Es ist die erforderliche Leerlaufspannung in Abb. 16 mit Kurve *b* in Abhängigkeit von der Schweißstromstärke angenähert dargestellt. Die beiden Kurven haben einen ähnlichen Verlauf und es gilt die Kurve *b* für normale umhüllte Wechselstromelektroden. Mit Spezial-Dünnblechelektroden (Schweißgut meist nicht mehr schmiedbar) kann mit einer Leerlaufspannung von etwa 75 V auch noch mit kleineren Stromstärken als etwa 50 A gearbeitet werden. Da sich mit guten Schweißstromgeneratoren gewöhnliche Elektroden auch mit bedeutend kleineren Leerlaufspannungen wesentlich besser verarbeiten lassen, wird für Dünnblechschweißungen allgemein die Gleichstromschweißung bevorzugt, auch deshalb, weil mit dem Gleichstrom-Kohlelichtbogen oft billige Dünnblechschweißungen ausführbar sind. Mit Linie *c* sind noch die in Österreich genormten Lichtbogenspannungen, die später zur Ermittlung des Leistungsfaktors benötigt werden, aufgenommen. Diese Spannungen ergeben sich bei der Verschweißung mit der richtigen Lichtbogenlänge.

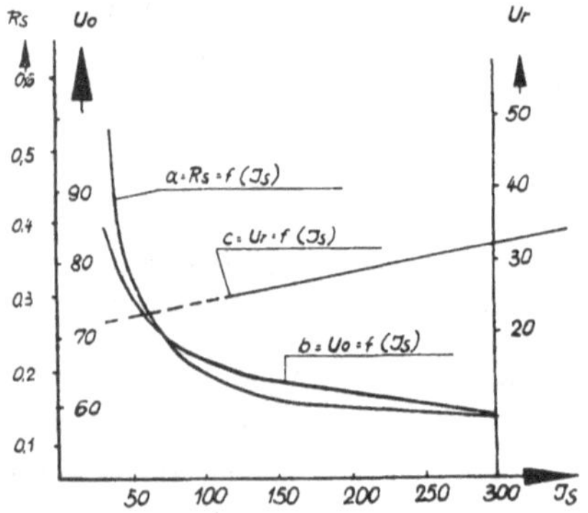

Abb. 16. Notwendige Leerlaufspannungen bei der Wechselstromschweißung

Mit vertretbaren Vernachlässigungen und unter der Annahme, daß das Transformatoren-Übersetzungsverhältnis 1 : 1 ist, erhält man für den Schweißtransformator das Spannungsdiagramm nach Abb. 17 und durch geometrische Addition

$$U_0 = \overline{U}_s + \overline{U}_r\,,$$

weil der Lichtbogen als reine Ohmsche Belastung zu werten ist und durch einen Wirkwiderstand r ersetzt werden kann. Demnach ist der Leistungsfaktor cosinus phi $(\cos\varphi) = U_r/U_0$.

Der Abb. 16 können wir nun für die verschiedenen Stromstärken die zugehörigen Lichtbogenspannungen U_r und die erforderlichen Leerlaufspannungen U_0 entnehmen. Damit erhält man beispielsweise für den Schweißstrom

$J_s =$	50	150	300 A
$\cos\varphi \cong$	0,31	0,43	0,55

d. h. mit abnehmender Stromstärke vergrößert sich sowohl die Phasenverschiebung als auch die Streuspannung $U_s = \sqrt{U_0^2 - U_r^2}$. Beim Stromdurchgang durch Null ist auch die Lichtbogenspannung infolge der Phasengleichheit Null und es müßte in diesem Zeitpunkt der Lichtbogen verlöschen, wenn nicht gleichzeitig eine genügend hohe phasenverschobene Spannung vorhanden wäre. Die Schweißeigenschaften eines Transformators werden daher von der Größe der Streu- oder Induktionsspannung U_s abhängen und um so besser sein, je größer diese ist. Die Streuspannung wirkt demnach als Zündspannung und sie ist von der Größe der Leerlaufspannung (Abb. 17) abhängig. Damit ist der Einfluß der Leerlaufspannung auf die Zünd- oder Schweißeigenschaften eines Transformators begründet und der Nachweis erbracht, daß es unrichtig ist, die Leerlaufspannung als Zündspannung zu bezeichnen und umgekehrt. Würde man z. B. für eine Tiefbrandelektrode mit 50 V Arbeitsspannung eine Zündspannung von 75 V vorschreiben, dann müßte die Leerlaufspannung des Schweißtransformators schon 90 V betragen, also

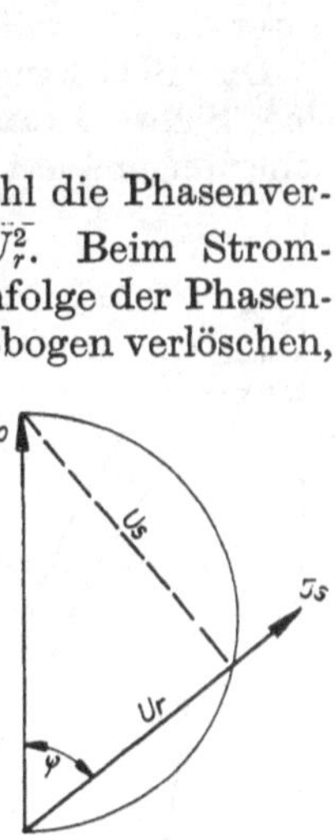

Abb. 17
Spannungsdiagramm

$$U_0 = \sqrt{U_s^2 + U_r^2} = \sqrt{75^2 + 50^2} = 90\ \text{V}\,.$$

Diese Erkenntnisse geben für die Auslegung eines Schweißtransformators einige Hinweise.

1. Da die Leerlaufspannung den Leistungsfaktor maßgebend beeinflußt, ist die Leerlaufspannung bei größeren Stromstärken so niedrig als nur möglich zu wählen, weil sonst die Blindleistung und der zur teilweisen Kompensation der Blindleistung erforderliche Kondensator zu groß wird.
2. Um das Schweißen mit kleinen Stromstärken zu ermöglichen, muß die Leerlaufspannung sehr hoch gewählt werden, sie soll aber aus Sicherheitsgründen nicht mehr als etwa 75 V betragen.

Demnach ist es zweckmäßig, den Schweißstromregelbereich zu unterteilen und jedem Strombereich die Leerlaufspannung zuzuordnen, die in bezug auf Leistungsfaktor und Schweißfähigkeit am vorteilhaftesten ist.

Zum Beispiel wird im Kleinstrombereich bis etwa 120 A eine höhere Leerlaufspannung notwendig sein, während im Großstrom- oder Hauptarbeitsbereich gute Schweißeigenschaften schon bei einer Leerlaufspannung unter 75 V gewährleistet sind. (Vgl. Abb. 16, Kurve *b*.)

Die Belastungscharakteristiken oder die statischen Charakteristiken eines Schweißtransformators mit beispielsweise zwei Strombereichen sollen daher angenähert so verlaufen, wie es die Abb. 18 für einen Kleinschweißtransformator für etwa 200 A zeigt. Die Kurven 1 und 2 gehören zum Großstrombereich und die Kurven 3 und 4 zum Kleinstrombereich und es stellt 1 und 3 das Maximum und 2 und 4 das Minimum für jeden Regelbereich dar. Weiter ist es zweckmäßig, die beiden Regelbereiche so abzugleichen, wie in Abb. 18 angegeben, weil man dann bei Verwendung von zwei Elektrodenhaltern abwechselnd Heft- und Schweißarbeiten durchführen kann, ohne eine Umschaltung oder Stromregulierung vornehmen zu müssen. Für Heftarbeiten verwendet man häufig wesentlich dünnere Elektroden als für die Schweißung selbst, so daß auch aus diesem Grunde ein Bereich mit erhöhter Leerlaufspannung (bessere Zündeigenschaften) Vorteile bringt.

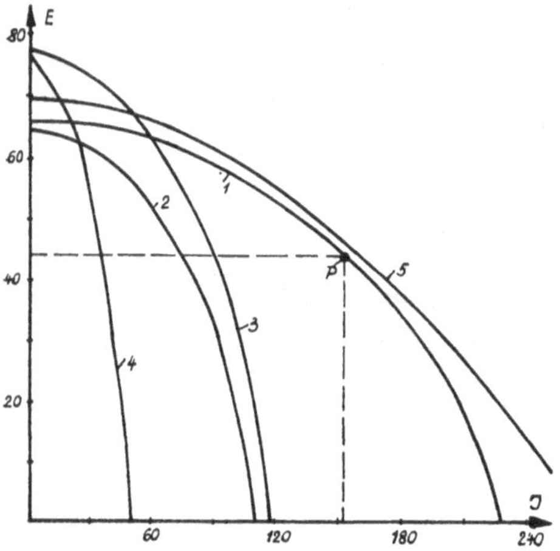

Abb. 18. Statische Charakteristiken

Das Stromregulierungssystem des Transformators soll nun so beschaffen sein, daß jeder beliebige Zwischenwert stufenlos eingeregelt werden kann. Mit Rücksicht auf die Tiefbrandelektrode ist ein steiler Verlauf der statischen Charakteristik vorteilhaft, weil diese Elektrode eine sehr hohe Arbeitsspannung benötigt. Die elektrischen Daten werden für eine Tiefbrandelektrode mit einem Durchmesser von 3,25 mm mit etwa 40 bis 42 V und 160 bis 150 A angegeben und es ist ein Arbeitspunkt für die Tiefbrandelektrode in Abb. 18 mit *P* bezeichnet. Hat die statische Kennlinie einen flachen Verlauf, etwa nach Kurve 5 in Abb. 18, dann hat dies nicht nur einen wesentlich größeren Sekundärkurzschlußstrom J_{k2} zur Folge, sondern beim Zünden auch einen größeren Primärstrom, was sich bei einem schwachen Netz nachteilig auswirkt. Denn der Kurzschlußstrom J_{k2} ist jener Strom, der bei Spannung null auftritt, also dann, wenn die Zündung eingeleitet wird.

Der Zündvorgang, also die Berührung des Werkstückes mit der Elektrode, stellt für den Transformator einen satten Kurzschluß dar. Würde man mit einem normalen Transformator auf dieselbe Weise eine Zündung versuchen, so hätte dies mindestens eine 20fache Stromaufnahme zur Folge, weil die Kurzschlußspannung U_k von normalen Transformatoren dieser Leistung höchstens 5 % beträgt. Die Größe des Kurzschlußstromes ist nämlich nur von der Kurzschlußspannung abhängig und es ist der primäre

$$\text{Kurzschlußstrom } J_{k1} \cong J_n \frac{100}{U_k\,\%} \cong \frac{U_1}{Z_k} \cong \frac{U_1}{\sqrt{R^2 + X^2}} \cong \frac{U_1}{X},$$

wenn J_n der Nennstrom, U_1 die Netzspannung und Z der Scheinwiderstand ist und wenn der Ohmsche Widerstand, der bei einem Schweißtransformator relativ klein ist, vernachlässigt wird. Damit der Zündvorgang, der sich ja in verhältnismäßig rascher Aufeinanderfolge wiederholt, keine störenden Rückwirkungen auf das Netz ausübt, soll daher der Kurzschlußstrom eines Schweißtransformators den Nennstrom nur unwesentlich überschreiten. Da der Ohmsche Widerstand R auch mit Rücksicht auf den Wirkungsgrad klein sein muß, erfordert dies einen so großen Blindwiderstand X, daß der induktive Spannungsabfall U_x oder die Streuspannung U_s etwa 75 % von der Nennspannung nicht unterschreitet. Bei einem Schweißstrom von etwa 200 A ist den Kurven b und c der Abb. 16 zufolge die Streuspannung

$$U_s \cong \sqrt{62^2 - 29^2} \cong 54 \text{ V} \cong 87\,\%, \text{ somit } J_{k1} \cong J_n \frac{100}{U_s\,\%} \cong J_n \,.\, 1{,}15,$$

d. h. die Streuspannung wird bei den Lichtbogen-Schweißtransformatoren zwangsläufig so groß, daß die Kurzschlußstromstärke den Nennstrom nur unwesentlich überschreitet, so daß in dieser Hinsicht keine übermäßigen Störungen im Netz auftreten können. Demnach muß ein Schweißtransformator eine außergewöhnlich große und regelbare Streuung bzw. Induktivität besitzen. Für die schweißtechnischen Eigenschaften des Gerätes ist es praktisch belanglos, ob man diese Induktivität beispielsweise dadurch erzielt, daß man Streupakete zwischen den Transformatorspulen beweglich anordnet (Abb. 19) oder ob man dem Schweißstromkreis eine Regeldrossel vorschaltet (Abb. 20). Da man bei der letztgenannten Ausführung einen Transformator und eine Regeldrossel benötigt, ist anzunehmen, daß die Ausführung nach Abb. 19 Vorteile bringt (geringere Herstellungskosten und besserer Wirkungsgrad), besonders dann, wenn ein einfaches Stromreguliersystem Anwendung findet. Bei den Transformatoren mit Regeldrossel kann der Kurzschlußstrom durch Sättigungserscheinungen in der Drossel vergrößert werden, so daß die statische Charakteristik von derartigen Transformatoren etwas flacher, etwa nach Kurve 5 der Abb. 18, verläuft.

Die Abb. 19 zeigt das Prinzipschaltbild eines einphasigen Schweißtransformators mit zwei Regelbereichen (statische Charakteristiken etwa nach Abb. 18), die Abb. 20 das Prinzipschaltbild eines einphasigen Schweißtransformators mit Regulierdrossel, deren Wicklungen a, b zur Erlangung meh-

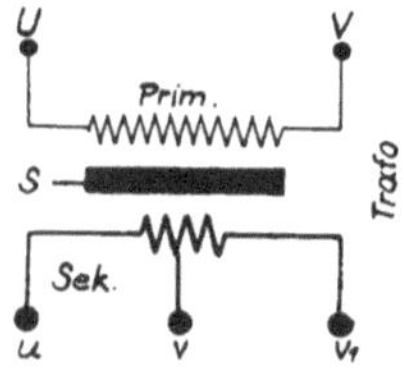

Abb. 19. Tranformator mit Streupaketen

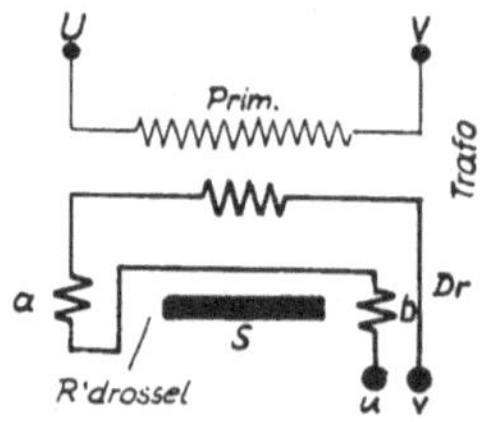

Abb. 20. Transformator mit Regulierdrossel

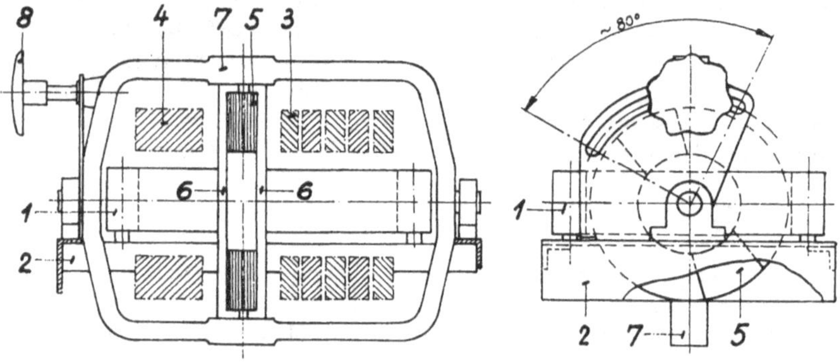

Abb. 21. Schweißstrom-Reguliersystem

rerer Regelbereiche (Grobschaltung) meistens von „Serie" auf „Parallel" (halbe Windungszahl) umgeschaltet werden. Je größer die Windungszahl ist, um so kleiner wird die Stromstärke. In beiden Fällen erfolgt die Feinstromregelung durch Verstellung der Streupakete S. Außer diesen Ausführungen sind u. a. auch Transformatoren üblich, bei welchem zum Zwecke der Stromregulierung die Primärspule mittels eines Handrades über eine Gewindespindel verstellt wird. Je weiter die Primärspule von der Sekundärspule entfernt wird, desto größer wird die Streuung und um so kleiner die Stromstärke.

Bei Wechselstrom-Schweißtransformatoren treten bei der Verwendung von sogenannten Streukernen zum Zwecke der Stromregulierung starke Rüttelkräfte auf, die besonders dann einen starken Lärm verursachen können, wenn Spindeln und strenge Führungen beim Stromregulier-Mechanismus angewendet werden, weil solche Teile, meistens im abströmenden heißen Luftstrom liegend, verhältnismäßig rasch ein Spiel bekommen. Aus diesem Grunde ist es üblich, die beweglichen Streupakete zu fixieren. Ein sehr einfaches Stromreguliersystem nach einem Patent des Verfassers wendet z. B. die ELIN AG., Wien-Weiz, an und es zeigt die Abb. 21 den Aufbau des Reguliersystems. Demnach ist der Transformator 1 am Grundrahmen 2 befestigt. Mittels der Primärwicklung 3 und der Sekundärwicklung 4, die voneinander getrennt angeordnet sind, wird die Netzspannung auf die durch die Normen festgelegte Sekundärspannung transformiert. Zwischen den beiden Wicklungen sind die die Stromregulierung bewirkenden Streupakete 5 auf zwei Ringen 6 befestigt, die ihrerseits mit dem Drehrahmen 7, der seitlich gelagert ist, starr verbunden sind. Die Verstellung des Rahmens bzw. die Stromregulierung erfolgt mit den Griff 8 in der Weise, daß

a) durch Verdrehung des Griffes der Schwenkarm in der Kulisse freigegeben wird und
b) nach der Verstellung desselben der Rahmen durch gegensinnige Verdrehung des Griffes wieder fixiert wird.

Der Vorteil bei dieser Neuerung liegt u. a. in der Trennung des mechanischen Teiles vom elektrischen bzw. im freistehenden Stromreguliersystem, das nur an den Stirnseiten, also an zwei kalten Stellen am Grundrahmen gelagert ist, so daß weder Klemmungen durch die Wärme noch Abnutzungen entstehen können. Große Betriebssicherheit und geringe Instandhaltungskosten sind daher gewährleistet. Die statischen Charakteristiken des Kleintransformators haben angenähert die Form nach Abb. 18. Die Charakteristiken 1 und 3 entstehen bei gleicher Reglerstellung, so daß man mit dieser Bauweise für beide Regelbereiche noch eine sehr gut ablesbare Stromskala erhält (Abb. 22), obwohl die Stromregulierung und die Stromanzeige direkt, also ohne jede mechanische Übersetzung erfolgt. Die beiden Regelbereiche sind ohne Zuhilfenahme von Drosseln oder Wicklungsumschaltern elektrisch so abgestimmt, daß bei Verwendung von zwei Elektrodenhaltern abwechselnd Heft- und Schweißarbeiten durchführbar sind.

Die Wirkungsweise dieses Transformators, dessen Prinzipschaltbild die Abb. 19 zeigt, ist kurz folgende:

Mit den schwenkbaren Streupaketen kann ein beliebig intensiver magnetischer Nebenschluß eingestellt werden und es wird die Stromstärke um so kleiner, je näher der Kernachse sich die Streupakete befinden. Im unbelasteten Zustand ist bei dieser Bauweise die Leerlaufspannung von der Streupaketstellung praktisch unabhängig, weil der Luftspalt zwischen den Streupaketen und dem Hauptkern so gewählt wurde, daß ein Eintritt des

Primärflusses verhindert wird, d. h. es durchsetzt fast der ganze Primärfluß Φ über den ganzen Regelbereich auch die Sekundärwicklung. Bei Belastung sind die Erregungen der Primärwicklung und der Sekundärwicklung einander entgegengerichtet und es wird in Abhängigkeit von der Streupaketstellung ein größerer oder kleinerer Streufluß Φ_s entstehen (Abb. 23), der in

Abb. 22
Wechselstrom-Schweißtransformator

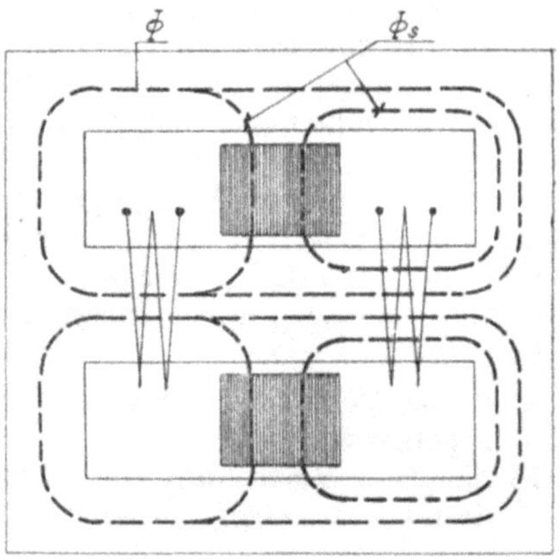

Abb. 23
Bild des Magnetfeldes

den Wicklungen eine Gegenspannung induziert; eine Verminderung der Schweißstromstärke ist die Folge. Diese Anordnung wirkt daher so, als ob sich eine eigene Drossel im Schweißkreis befände und deren Induktivität durch eine Luftspaltveränderung mittels eines Eisenkernes, etwa wie nach Abb. 20, geregelt würde.

Alle einphasigen Schweißtransformatoren belasten das Netz unsymmetrisch, so daß mitunter Anschlußschwierigkeiten bestehen.

IV. Netzbelastung durch einphasige Schweißtransformatoren mit Berücksichtigung der Tiefbrandelektrode

Die einphasigen Lichtbogen-Schweißtransformatoren belasten das Netz unsymmetrisch, so daß mitunter Anschlußschwierigkeiten bei schwachen Netzen bestehen. Den immer wieder ins Treffen geführten Mängeln, wie einphasige Belastung des Netzes und großer Blindstromverbrauch, kommt, den späteren Ausführungen zufolge, nur dann keine übermäßige Bedeutung zu, wenn für Schweißungen mit größeren Lichtbogenleistungen Tiefbrandelektroden verwendet werden und, wie allgemein üblich, Kondensatoren zur

Blindleistungskompensation Anwendung finden. Dies erläutern folgende Beispiele:

a) Die Industrie, die eigene Kraftstationen besitzt, benötigt einen Schweißtransformator für etwa 360 A im Handschweißbetrieb. Dieser Transformator (kompensiert) belastet das Netz bei der Verschweißung von normalen umhüllten Elektroden durchschnittlich mit etwa 20 kVA, so daß in Industriebetrieben in der Regel keine Anschlußschwierigkeiten bestehen. Werden mehrere Transformatoren verwendet, dann lassen sich unzulässige Unsymmetrien dadurch vermeiden, daß man sie, gleichmäßig auf die drei Phasen verteilt, anschließt.

b) Das Gewerbe benötigt für die Verschweißung von Normalelektroden einen Transformator für etwa 140 A Schweißstrom bei einer Lichtbogenspannung von 27 V und für die Verschweißung der Tiefbrandelektrode mit einem Durchmesser von 3,25 mm, im Mittel etwa 150 A bei 43 V Lichtbogenspannung. Demnach ist im ersten Falle mit einer Lichtbogenleistung von 3,8 kW zu rechnen und im zweiten Fall sogar mit einer Lichtbogenleistung von 6,5 kW.

Zu Fall b 1):

Bei einer Netzspannung von 380 V und einer Leerlauf- oder Sekundärspannung von beispielsweise $U_0 = U_2 = 67$ V ist nach Abb. 17 der Leistungsfaktor

$$\cos\varphi \cong \frac{Ur}{Uo} \cong \frac{27}{67} \cong 0{,}4 \text{ und } J_1 \cong \frac{J_2 \cdot U_2}{k \cdot U_1} \cong \frac{140 \cdot 67}{0{,}83 \cdot 380} \cong 30 \text{ A}.$$

Die Scheinleistung $N_s = U_1 \cdot J_1 \cong 11{,}5$ kVA. Es berücksichtigt k den Leerlaufstrom, der mitunter bei Schweißtransformatoren relativ groß ist.

Diese Scheinleistung ist für ein schwaches Netz noch zu groß, denn sie soll etwa 10 kVA bei der normalen Belastung nicht überschreiten, d. h. es muß der Leistungsfaktor mittels einer Kapazität erhöht werden und es wird nachstehend für eine Leistungsfaktorerhöhung um 50 % die Kondensatorleistung und der Kondensatorstrom ermittelt. Es errechnet sich:

Die Wirkleistung bei $\eta = 0{,}8$. . . $N_w = 3{,}8/0{,}8 = 4{,}8$ kW,
die Scheinleistung ohne Kondensator
($\cos\varphi = 0{,}4$) . . . . $N_s = 4{,}8/0{,}4 = 12$ kVA,
mit verbessertem Leistungsfaktor
($\cos\varphi' = 0{,}6$) . . . . $N'_s = 4{,}8/0{,}6 = 8$ kVA,
der zugehörige Primärstrom . . . $J_1 = 8/0{,}38 = 21$ A (I in Abb. 25)
die kapazitive Leistung oder die Kondensatorleistung
$N_c = N_s \cdot \sin\varphi - N'_s \cdot \sin\varphi'$
$= 12 \cdot 0{,}92 - 8 \cdot 0{,}8 = 11 - 6{,}4 = 4{,}6$ kVA,
der Kondensatorstrom . . . . . $J_c = 4{,}6/0{,}38 = 12.1$ A.

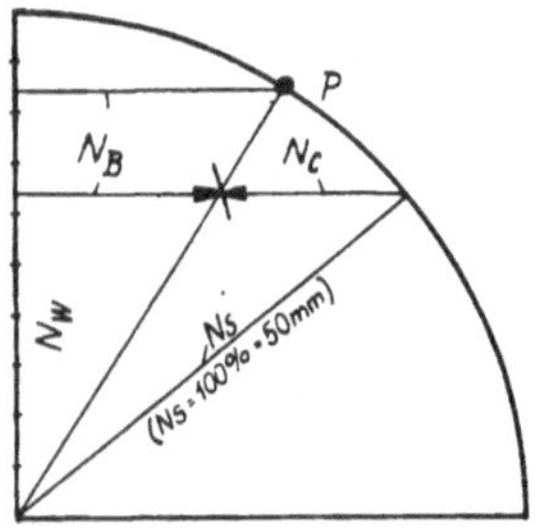

Abb. 24. Leistungsdiagramm

Diesem kapazitiven Blindstrom von 12,1 A wirkt im Leerlauf der induktive Strom oder Magnetisierungsstrom entgegen und es ist der Transformator daher magnetisch zweckmäßig so auszulegen, daß die kapazitive Stromstärke im Leerlauf etwa 30% vom Nennstrom beträgt. Ein kleiner kapazitiver Leerlaufstrom ist wegen des spannungserhöhenden Einflusses besonders bei schwachen ländlichen Versorgungsnetzen, die meistens einen stärkeren Spannungsabfall aufweisen, kein Nachteil.

Zu Fall b2):

Bei einer Netzspannung von 380 V und einer Leerlaufspannung von 67 V ist der Leistungsfaktor $\cos\varphi \cong 43/67 \cong 0{,}64$ und der Primärstrom

$$J_1 \cong \frac{150}{0{,}83} \cdot \frac{67}{380} \cong 32 \text{ A und } N_s \cong 380 \cdot 32 \cong 12 \text{ kVA}.$$

Da für beide Fälle der gleiche Kondensator zur Anwendung gelangt, ist noch der Kompensationseffekt bei diesen Verhältnissen zu ermitteln. Mit Hilfe des Diagramms der Abb. 24 mit der Beziehung Blindleistung $N_B = \sqrt{N_s^2 - N_w^2}$ erhält man mit der Wirkleistung ($\eta = 0{,}85$) $N_w = 6{,}5/0{,}85 = 7{,}65$ kW, der Scheinleistung $N_s = 7{,}65/0{,}64 = 12$ kVA $= 100\% = 50$ mm und der Kondensatorleistung $N_c = 4{,}6$ kVA $= 50 \cdot \frac{4{,}6}{12} = 19$ mm den Schnittpunkt P mit dem Leistungsfaktor 0,85. Demnach ist der Primärstrom $J_1 \cong \frac{12 \cdot 0{,}64}{0{,}38 \cdot 0{,}85} \cong 23{,}7$ A (II in Abb. 25) und $N_s \cong 380 \cdot 23{,}7 = 9$ kVA. Obwohl die Lichtbogenleistung gegenüber dem 1. Fall um 71% größer ist, ist die Scheinleistung nur um rd. 12% gestiegen, und der Leistungsfaktor, bezogen auf die verkettete Spannung, erreicht dabei den Wert des $\cos\varphi$ eines Drehstrommotors. Für eine Lichtbogenleistung von 6,5 kW ist beispielsweise bei einem Gleichstrom-Schweißumformer und 380 V Netzspannung mit einem Primärstrom von rund 19 A/Phase zu rechnen. Der Magnetisierungs- oder Leerlaufstrom beträgt etwa 5 A/Phase induktiv gegenüber etwa 6 A kapazitiv beim Schweißtransformator, d. h. im Leerlauf wird das Netz durch den Anschluß des Schweißtransformators nicht benachteiligt, vorausgesetzt, daß die Leerlaufscheinleistung nicht zu groß ist, weil der kapazitive Blindstrom eine unzulässige Spannungserhöhung im Netz verursachen kann. Da der einphasige Schweißtransformator an zwei Phasen angeschlossen wird, bleibt noch zu untersuchen, wie sich die Wirk- und Blindlast auf die einzelnen Phasen verteilt oder mit anderen Worten, es ist die durch den einphasigen Anschluß verursachte Unsymmetrie festzustellen. Für diese Untersuchung wird das Stromdiagramm verwendet, weil mit dem bereits bekannten Leistungsfaktor die für die Aufzeichnung des Diagramms erforderlichen Phasenwinkel schon gegeben sind. Dem Leistungsfaktor von 0,85 entspricht ein Winkel von 31°, somit ist der Phasenwinkel bei der Phase $U = 1°$ und bei der Phase $V = 61°$. In Abb. 25 ist das Stromdiagramm für den b2 Fall gezeichnet (strichliert für den b 1 Fall) in der Annahme, daß das Netz noch gleichzeitig mit $Jg = 31$ A je Phase (Leistungsfaktor $\cos\varphi = 0{,}8$) belastet ist. Weiter ist angenommen, daß ein Netztransformator mit 30 kVA, also mit einer höchstzulässigen Stromabgabe von 45,5 A zur Verfügung steht. Der Netztransformator ist also vor der Inbetriebnahme des Schweißtransformators bereits mit rund 70% gleichmäßig belastet, so daß die Untersuchung einen normalen Betriebsfall darstellt. Die Auswertung des Diagramms ist in Tabelle I eingetragen. Außerdem ist des Vergleiches wegen in der Tabelle noch die Netzbelastung für den Fall eingetragen, daß an Stelle des Schweißtransformators ein Gleichstrom-Schweißumformer verwendet wird, dessen Antriebsmotor so bemessen ist, daß damit auch die Tiefbrandelektrode mit 6,5 kW Lichtbogenleistung verarbeitet werden kann.

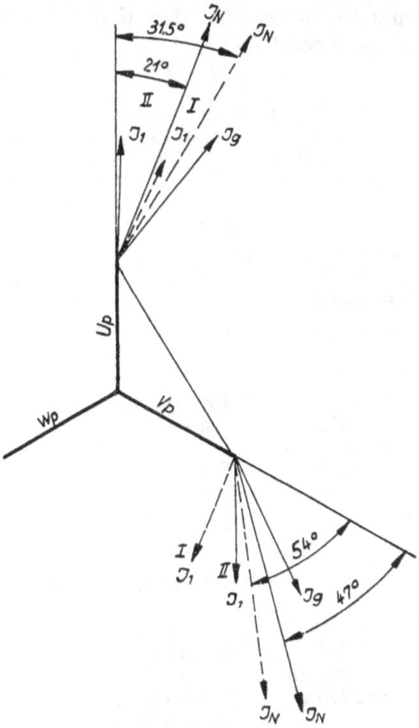

Abb. 25. Stromdiagramm. 1 A = 1 mm

Daß der Transformator im Belastungsfall II um 16% überlastet ist, ist thermisch natürlich für den Netztransformator belanglos, weil es sich bei der Belastung durch den Schweißtransformator um eine intermittierende Belastung mit 55% Einschaltdauer, auch HSB genannt, handelt. Trotz der sehr unterschiedlichen Belastungsfälle und Belastungsarten ist der Netztransformator praktisch nie überlastet. Außerdem liegt die Unsymmetrie in solchen Grenzen, daß von einer besonders nachteiligen Rückwirkung auf den Stromerzeuger des Netzes durch den einphasigen Anschluß (vgl. II und III) kaum gesprochen werden kann. Verwendet also der an einem schwachen Netz hängende Schweißbetrieb für die selten vorkommenden Schweißungen an dickeren Blechen die Tiefbrandelektrode, dann entstehen mit dem einphasigen Schweißtransformator in bezug auf den Netzanschluß oft tragbare Verhältnisse. Im Augenblick des Zündens (Kurzschluß) verschlechtert sich dieses Verhältnis um so mehr zuungunsten des Transformators, je größer der Kurzschlußstrom bzw. die Kurzschlußleistung des Transformators ist.

Tabelle I

für Netzanschluß des Transformators an Phase U und V

Belastungsfall		U	V	W
	Netz-Phasenstrom J_N	51	48,5	31
I	Phasenwinkel	$31,5^0$	54^0	37^0
140 A u. 27 V	$\cos\varphi;\sin\varphi$	0,85;0,52	0,59;0,81	0,8;0,6
= 3,8 kW	Wirklast $N_w = U_p \cdot J_N \cdot \cos\varphi = 21,3$	= 9,5	+ 6,3	+ 5,5
Transform.	Blindlast $N_B = U_p \cdot J_N \cdot \sin\varphi = 18,55$	= 5,85	+ 8,6	+ 4,1
Bilanz	$N_S = \sqrt{21,3^2 + 18,55^2} = 28,3 = 20,5 + 8 = 28,5$ kVA (20,5 = Konstantlast und 8 = gerechnete Last)			
	Netz-Phasenstrom J_N	52	53	31
II	Phasenwinkel	21^0	47^0	37^0
150 A u. 43 V	$\cos\varphi;\sin\varphi$	0,934;0,36	0,69;0,73	0,8;0,6
= 6,5 kW	Wirklast	10,7	8,05	5,45
Transform.	Blindlast	4,1	8,55	4,1
Bilanz	$N_S = \sqrt{24,2^2 + 16,75^2} = 29,5 = 20,5 + 9 = 29,5$			
	Netz-Phasenstrom J_N	50	50	50
III	Phasenwinkel	34^0	34^0	34^0
150 A u. 43 V	$\cos\varphi;\sin\varphi$	0,83;0,56	0,83;0,56	0,83;0,56
= 6,5 kW	Wirklast	9,1	9,1	9,1
Gleichstrom-umformer	Blindlast	6,15	6,15	6,15
Bilanz	$N_S = \sqrt{27,3^2 + 18,45^2} = 33$ kVA $= 20,5 + 12 = 32,8$ kVA			
IV	Vollaststromstärke des Netztransformators je Phase 45,7 A.			

Da die Tiefbrandelektrode bei der Verschweißung mit Wechselstrom wegen der hohen Arbeitsspannung äußerst wirtschaftlich ist (hoher Leistungsfaktor) und auch sonst große Vorteile bringt (mit einer 3,25-mm-Elektrode kann man z. B. ohne Abschrägung 8-mm-Bleche stumpf schweißen), kommt dadurch dem einphasigen Schweißtransformator für Sonderschweißungen eine erhöhte Bedeutung zu.

Der Anschluß von einphasigen Schweißtransformatoren erfolgt allgemein zwischen zwei Außenleitern, und es wurde die Auswirkung dieses Anschlusses auf das Netz mit Berücksichtigung der Tiefbrandelektrode bereits untersucht. Demnach sind die einzelnen Phasen zwar ungleich mit Wirk- und Blindstrom belastet (daran kann auch die Kompensation mit einem Kondensator nichts ändern), es liegt aber die ungleiche Belastung in beiden Belastungsfällen oft noch in tragbaren Grenzen. Die Vollast-Netzströme sind in den beiden Phasen fast gleich groß und nicht viel größer als bei Verwendung eines Gleichstrom-Schweißgenerators, der mit einem Drehstrommotor angetrieben wird. Da im Falle I die Anschlußleistung 8 kVA beträgt, und im Falle II 9 kVA, ist noch festzustellen, wie groß die höchste Strom- oder Leistungsaufnahme ist, d. h. es muß der Transformator noch auf das Verhalten im Kurzschluß untersucht werden. Die Kurzschlußleistung soll etwa 20% der HSB-Leistung bei kleinen Transformatoren nicht überschreiten, weil sich sonst die Zündung zu nachteilig bei schwachen Netzen auswirkt. Die sekundäre Kurzschluß-Stromstärke ist vom Verlauf der statischen Kennlinie abhängig und sie ist um so kleiner, je steiler der Kennlinienverlauf ist. So soll z. B. bei einem Kleintransformator, der für die Verschweißung von Normalelektroden mit 27 V und 175 A eingestellt ist, die sekundäre Kurzschluß-Stromstärke bei dieser Einstellung etwa 200 A nicht überschreiten. Somit ist angenähert die primäre Kurzschlußleistung $N_k = U_1 \cdot J_{k1} = 380 \cdot 30 = 11{,}5$ kVA, weil

$$X\,\% \cong \frac{J_2 \cdot 100}{J_{k2}} \cong \frac{175 \cdot 100}{200} \cong 87 \text{ und } J_{k1} \cong \frac{J_1 \cdot 100}{X\,\%} \cong \frac{2600}{87} \cong 30 \text{ A ist.}$$

Denn beim kompensierten Transformator ist

$$J_1 \cong \frac{U_2 \cdot J_2}{k \cdot \eta \cdot \cos\varphi \cdot U_1} \cong \frac{27 \cdot 175}{0{,}83 \cdot 0{,}8 \cdot 0{,}7 \; 380} \cong 26 \text{ A}.$$

Die Kurzschlußleistung ist also nur um 15% größer als die max. Nennleistung. Beim Zünden findet gegenüber den beim Schweißen ermittelten Stromstärken in einer Phase eine größere Stromaufnahme statt (bedingt durch die Phasenlage) und es erreicht in diesem Falle, also bei 31 A Grundbelastungsstrom J_g, die max. Stromstärke in der U-Phase etwa 59 A. Bei der Zeichnung des Diagramms für den Kurzschluß ist zu berücksichtigen, daß der Leistungsfaktor etwa 0,2 beträgt. Hat die statische Kennlinie einen zu flachen Verlauf, dann kann der höchste Kurzschlußstrom bei gleicher Kompensation bedeutend höher liegen. Es ist daher lt. Normen auf dem Leistungsschild auch die Kurzschlußleistung als Höchstleistungsentnahme anzugeben und es ist von Seite der Stromversorgungsunternehmen (EVU) üblich, $N_k/2$ als mittlere Anschlußleistung (Grundpreisleistung) zu werten, d. h. ein Transformator mit kleiner Kurzschlußleistung wird tariflich begünstigt. Auch in dieser Hinsicht ist der Gleichstromumformer dem Transformator überlegen, weil beim Umformer zwischen Zündung (Kurzschluß) und Schweißung keine Netzüberlastungen entstehen können. Denn im Kurzschluß ist die Dynamoleistung $E_k \cdot J_2$ klein, da die Kurzschlußspannung E_k nur einige Volt beträgt. Mitunter wird bei Vergleichen der hohe Anlaufstrom des Antriebsmotors als Nachteil genannt, der bei der üblichen Stern-Dreieck-Anlaßschaltung etwa den zweifachen Nennstrom erreicht. Dieser Einschalt-Stromstoß dürfte, da er ja nur beim Anlassen des Umformers ganz kurzzeitig auftritt, kaum als Nachteil in Erscheinung treten.

Ist die Kurzschlußleistung bei einem Transformator sehr groß, so kann sie zwar durch eine verstärkte Kompensation vermindert werden, es wirkt sich diese Maßnahme aber meistens nachteilig aus. Denn ein stark kompensierter Transformator nimmt — abgesehen vom größeren Kondensator — im Leerlauf einen großen kapazitiven Blindstrom auf, der unzulässig groß werden kann, weil einerseits der induktive Blindstrom im Leerlauf klein ist und andererseits die für die Leistungsfaktor-Verbesserung (etwa von 0,4 auf 0,6) erforderliche Kompensation im Leerlauf schon einen größeren kapazitiven Strom bewirkt. Es wird daher neuerdings von den EVU verlangt, daß am Leistungsschild außer der Kurzschlußleistung N_k auch die Leerlauf-Scheinleistung N_0 angegeben wird, die so niedrig wie möglich gehalten werden soll und 4,5 kVA nicht überschreiten darf, weil eine größere kapazitive Leerlauf-Scheinleistung bzw. eine Überkompensation im Netz eine unzulässige Spannungserhöhung verursachen kann. Demnach wird man besonders bei Kleintransformatoren trachten N_k und N_0 so niedrig wie möglich zu halten, um günstige Anschlußbedingungen zu schaffen.

Da das Anschlußproblem von Schweißtransformatoren noch immer sehr umstritten ist, dürfte es den obigen Ausführungen zufolge zweckmäßig sein, in den Normen bzw. Anschlußbedingungen einen Passus aufzunehmen, der etwa folgenden Wortlaut hat:

„In Netzen, wo keine eigene Kraftstation für den Anschluß von Lichtbogen-Schweißtransformatoren vorhanden ist, also vorwiegend bei Ortsnetzen, darf die höchste Leistungsentnahme 12 kVA (worunter auch die Kurzschlußleistung zu verstehen ist) nicht überschreiten. Die höchste Leistungsentnahme ist bei höchster Reglerstellung aus der Nenn-Primärspannung und der dabei auftretenden Primärstromstärke zu berechnen. Bei sehr schwachen Netzen können die EVU die Benutzungszeit einschränken und eine Leistungsreduktion fordern. Es ist daher auf dem Leistungsschild auch die höchste Kurzschlußleistung anzugeben. Weiter ist die höchste Leerlauf-Scheinleistung anzuführen, die, meistens kapazitiv, möglichst klein sein soll und etwa 4,5 kVA nicht überschreiten darf."

Übertriebene Forderungen von Seite der EVU sollen mit Rücksicht auf die Gestehungskosten des Gerätes vermieden werden. Schließlich ist in gewerblichen Betrieben, wo das Schweißgerät nur schwach ausgenutzt ist (meistens nur einige Stunden pro Tag), dazu häufig auch kein zwingender Grund gegeben. Denn der Klein-Schweißtransformator soll ja gerade wegen der Billigkeit solchen Betrieben zugänglich gemacht werden, wo teure Schweißgeräte sich wegen der schlechten Ausnutzung nicht bezahlt machen. Aus diesem Grunde hat es auch keinen Sinn, die Klein-Schweißtransformatoren technisch besonders hoch zu entwickeln, weil derartige Verbesserungen zu Verhältnissen führen (vgl. Abschnitt V Schweißwandler), die — wirtschaftlich — kaum tragbar sind. Bedenkt man noch, daß z. B. der Gleichstrom-Schweißgenerator außer der vollen Symmetrierung noch den Vorzug der universelleren Verwendbarkeit besitzt (vgl. u. a. Abschnitt I und II), dann kann man verstehen, daß gewerbliche Betriebe den Gleichstrom-Schweißumformer bevorzugen.

Zusammenfassend kann man daher sagen, daß der einphasige kompensierte Schweißtransformator bei der Anwendung von Tiefbrandelektroden das Netz bzw. die Übertragungseinrichtung in den beiden Anschlußphasen ungefähr so beansprucht, wie ein Gleichstrom-Schweißumformer. Bei der Verarbeitung von Normalelektroden ist der Gleichstromumformer dem Schweißtransformator beträchtlich überlegen. Beispielsweise würden in diesem Falle bei der Sekundärbelastung $E_2 = 27$ V und $J_2 = 175$ A ($N_1 = 10$ kVA) die 3 Phasen stärker ungleich belastet sein, und zwar mit rund 55/50/31 A. Die Kurzschlußstromstärke bleibt mit rund 60 A natürlich unverändert. Mit einem Umformer, also bei symmetrischer Belastung, würden bei gleicher Sekundärbelastung alle 3 Phasen gleichmäßig mit etwa 46 A belastet sein, d. h. es entsteht mit dem Transformator eine um rund 20% höhere Phasenbelastung, so daß bei der vorgeschlagenen Grenzleistung von 12 kVA in stärkeren Netzen wahrscheinlich noch tragbare Verhältnisse entstehen und auf starke Kompensationen, die das Gerät verteuern, verzichtet werden kann. Bei einer stärkeren Kompensation verschiebt sich das Verhältnis natürlich zugunsten des Transformators und man wird bei sehr schwachen Netzen oder bei sehr ungünstigen örtlichen Verhältnissen (Schweißtransformator weit von dem Netztransformator entfernt oder bei 220-Volt-Netzen) evtl. auf diese Möglichkeit zurückgreifen oder, was auch üblich ist, Sperrzeiten einführen oder eine Leistungsbegrenzung veranlassen. Im Leerlauf wirkt der kapazitive Blindstrom des Schweißtransformators auf das Netz als Generator und bewirkt eine Stromverminderung. In diesem Beispiel ergibt die Auswertung des Diagramms rund 25/30/31 A in den einzelnen Phasen.

Die mitunter vertretene Ansicht, den Anschluß von einphasigen Schweißtransformatoren zu verweigern, dürfte, den obigen Ausführungen zufolge, eine zu strenge Maßnahme sein, da die Mehrbelastung bzw. die nachteilige Belastung durch den kompensierten Einphasen-Transformator in vielen Fällen tragbar erscheint, vorausgesetzt natürlich, daß die Kurzschlußleistung nicht zu groß ist und für größere Lichtbogenleistungen Tiefbrandelektroden verwendet werden. In tariflicher Hinsicht wird man dem Vergleich der Tabelle I zufolge den Grundpreis mit etwa N_k 2/3 zu werten haben (übliche Ermittlung mit $N_k/2$ ist zu günstig), weil die selten zur Verwendung kommende Tiefbrandelektrode bei der Grundpreiserstellung nicht berücksichtigt werden kann.

Die Überprüfung eines Schweißtransformators auf die zulässige Stromstärke durch ein EVU erfolgt in der Weise, daß man den Transformator auf der Sekundärseite kurzschließt und bei der höchsten Reglerstellung die primäre Stromstärke mißt. Diese darf, um die vorgeschlagene Grenzleistung von 12 kVA einhalten zu können, bei 380 V 32A nicht überschreiten.

V. Wechselstrom-Schweißgeräte mit mehrphasigem Anschluß

Die einphasigen Transformatoren belasten das Netz unsymmetrisch, weshalb oft mittels Kunstschaltungen, wie Scott-Schaltung, Spannungsteiler usf., eine unvollständige Symmetrierung bei dreiphasigem Anschluß angewandt wird. Diese Art der Symmetrierung bringt keine Vorteile, was in der Fachliteratur[4]) bereits eingehend behandelt wurde, so daß es sich erübrigt, darauf näher einzugehen.

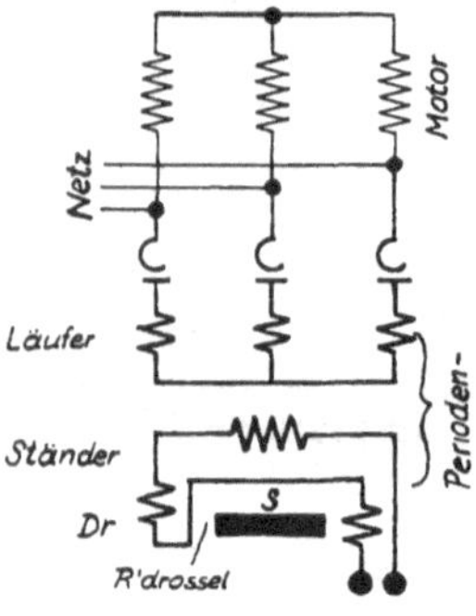

Abb. 26
Schweißperiodenumformer

Eine symmetrische Netzbelastung wird jedoch mit Schweißperiodenumformern und sogenannten Schweißwandlern erzielt. Auch Wechselstrom-Schweißumformer, das sind Wechselstromgeneratoren mit höherer Frequenz, werden vereinzelt gebaut.

Die Abb. 26 veranschaulicht das Prinzipschaltbild eines Schweißperiodenumformers. Der Läufer des Periodenumformers wird vom Motor so angetrieben, daß im Ständer ein Wechselstrom mit mehrfacher Netzfrequenz induziert wird. Dieser Periodenumformer (hier ein bekannter Asynchron-Drehstrommotor mit Schleifringläufer) unterscheidet sich elektrisch z. B. vom einphasigen Schweißtransformator mit Regulierdrossel nach Abb. 20 im wesentlichen dadurch, daß das Netz symmetrisch belastet wird und im Sekundärkreis ein Wechselstrom beliebiger Frequenz erzeugt werden kann. Die Stromregulierung kann in ähnlicher Weise und zwar mit der Drossel *Dr* erfolgen. Da es sich um einen Wechselstromlichtbogen handelt, gilt bezüglich der Schweißeigenschaften angenähert das unter Schweißtransformatoren Gesagte.

Die statischen Charakteristiken haben eine ähnliche Form wie bei den Schweißtransformatoren und es sind angenähert auch dieselben Leerlaufspannungen wie bei den Transformatoren, also etwa 75 Volt üblich.

Der Leistungsfaktor ist bei diesen Geräten wesentlich niedriger als bei Gleichstromumformern und er erreicht angenähert die Werte von kompensierten Einphasen-Schweißtransformatoren, also etwa 0,7. Diese Periodenumformer werden auch bei der Widerstandsschweißung, beispielsweise bei der automatischen Rohrschweißung verwendet, weil die erhöhte Periodenzahl (etwa 200 Hz) bei der Widerstandsschweißung eine Erhöhung der Schweißgeschwindigkeit ermöglicht. Bei diesem Verfahren (Schweißung ohne Lichtbogen) benötigt man keine Regeldrossel im Sekundärkreis und es erfolgt die Stromregulierung bei der Widerstandsschweißung allgemein auf der Primärseite u. a. mit Stufenschalter oder Drehregler.

Vor längerer Zeit ist man zu der Erkenntnis gekommen, daß bei der Lichtbogenschweißung etwa 200 Perioden/Sekunde noch Vorteile bringen und man hat von Schweißgeräten mit sehr hohen Periodenzahlen wenig gehört. Neuerdings geht man vereinzelt wieder auf höhere Periodenzahlen (700 bis 900) über.

Der Schweißwandler[5]) ist ein Wechselstromtransformator mit dreiphasigem Netzanschluß in Scott-Schaltung mit vormagnetisierten Drosseln, der die Eigenschaft besitzt, das Netz symmetrisch zu belasten und die Periodenzahl im Sekundärkreis zu verdoppeln. Bezüglich der Schweißeigenschaften ist zu sagen, daß sie sich von normalen Schweißtransformatoren nicht wesentlich unterscheiden, weil sich die doppelte Periodenzahl bei der Handschweißung praktisch noch nicht nennenswert auswirkt. Der Leistungsfaktor hat den bei einphasigen Schweißtransformatoren üblichen Wert (im Mittel etwa 0,4), so daß auch bei dieser Bauweise ein Kondensator zur Kompensierung der großen Blindleistung erforderlich ist. Nachteilig ist bei den kleineren Wandlern das große Gewicht, das bei einem Gerät für 210 A — HSB — angenähert das Zweifache von modernen Einphasen-Schweißtransformatoren und Schweißumformern derselben Leistung hat. Da außerdem der Gleichstrom-Schweißumformer einem Wechselstrom-Schweißgerät besonders in diesem Leistungsbereich wegen der universellen Verwendbarkeit vorzuziehen ist, wird sich der Wandler gerade in dieser Leistungsstufe, wo die Symmetrierung sehr erwünscht ist, kaum durchsetzen können. Schließlich ist es bei einem transportablen Gerät nicht gleichgültig, ob man etwa 140 kg zu befördern hat oder etwa das doppelte Gewicht. Bevor es nicht gelingt, derartige Transformatoren mit vertretbarem Materialaufwand herzustellen, wird man insbesondere im Gewerbe entweder Gleichstrom-Schweißgeräte wählen oder, wo es die Schweiß- und Anschlußverhältnisse zulassen, den billigen einphasigen Schweißtransformator.

Der Wechselstrom-Schweißgenerator hoher Frequenz kann ein einphasiger Wechselstromgenerator mit großer Polzahl sein, der von einem hochtourigen Motor angetrieben wird. Hat beispielsweise der Generator

30 Pole, also $p = 15$, wenn mit p die Polpaarzahl bezeichnet ist, und läuft der Antriebsmotor mit $n = 2800$ U/min, dann beträgt die

$$\text{Generatorfrequenz } f = \frac{p \cdot n}{60} = \frac{15 \cdot 2800}{60} = 700 \text{ Per./sec.}$$

Verwendet man für die Erregung ein Magnetsystem aus Dauermagneten (ähnlich wie bei Fahrrad-Beleuchtungsmaschinen), dann benötigt man natürlich keine eigene Erregerstromquelle. Der Motor treibt das Polrad aus Permanentmagneten und die in der ruhenden Ständerwicklung induzierte Spannung speist direkt den Schweißstromkreis. Die Stromregulierung erfolgt im Schweißstromkreis mit einer Regulierungsdrossel und es hat das Prinzipschaltbild dieses Schweißgenerators etwa das Aussehen nach Abb. 26, wenn man sich den Läufer des Periodenumformers durch ein permanentes Magnetsystem ersetzt denkt. Weil der Schweißgenerator mit dem Netz nicht in Verbindung steht, verhält sich dieser Wechselstrom-Schweißumformer bezüglich des Anschlusses so wie der Gleichstrom-Schweißumformer, d. h. das Netz wird symmetrisch belastet. Als Leerlaufspannung sind die bei der Wechselstromschweißung üblichen Werte von 75 V gebräuchlich. Die stark erhöhte Periodenzahl begünstigt zwar die Schweißeigenschaften, es sind aber auch derartige Wechselstromgeräte nur begrenzt anwendbar (vgl. Abschnitt I).

VI. Schweißgleichrichter

Von den verschiedenen Gleichrichterarten hat sich nur der Selen-Trockengleichrichter für Lichtbogen-Schweißgeräte erhalten und es werden diese Geräte, die schon vor etwa 20 Jahren gebaut wurden, nun in neuer Form auf den Markt gebracht.

Die Selen-Schweißgleichrichter formen Wechselstrom über Ventile direkt in Gleichstrom um. Die Umformung von Wechselstrom auf Gleichstrom erfolgt hauptsächlich deshalb, weil sich Gleichstrom für die Lichtbogenschweißung allgemein besser eignet als Wechselstrom mit 50 Perioden oder mehr. Bekanntlich sind im Gleichstromlichtbogen alle Elektrodensorten verschweißbar, weiter arbeiten Gleichstromgeräte, z. B. Querfeld-Gleichstromumformer (Abb. 4, Kurve *a*) mit sehr niedrigen, also fast ungefährlichen Leerlaufspannungen. Die Abb. 27 zeigt das Prinzipschaltbild eines Selen-Schweißgleichrichters mit dreiphasigem Netzanschluß und Gleichrichter-Brückenschaltung. Dieses Gerät besteht aus Umspanner *U*, Regeldrossel *D*, Selen-Gleichrichter *G*, Gleichrichter-Belüftungsmotor *M* mit Flügel *F*. Der Umspanner transformiert die Netzspannung auf den üblichen niedrigen Sekundärwert von etwa 60 V und die Stromregulierung erfolgt durch eine Drossel-Luftspaltregelung, d. h. es wird der Luftspalt *s* mittels einer mechanischen Vorrichtung beliebig verstellt. Die 6 Gleichrichtersäulen (meistens in einem Block vereint) werden abwechselnd vom Schweißstrom durchflossen. Durch die Belüftung wird die Belastbarkeit der Ventile auf das 2,5- bis 3fache gesteigert, und es hätte ein Ausfall des Flügelmotors natürlich eine sofortige Zerstörung des Gleichrichters zur Folge, weil die Selenschichte gegen Überlastungen sehr empfindlich ist (Schutzeinrichtungen sind daher notwendig). Die Leerlaufspannung ist bei diesem System über den ganzen Regelbereich konstant.

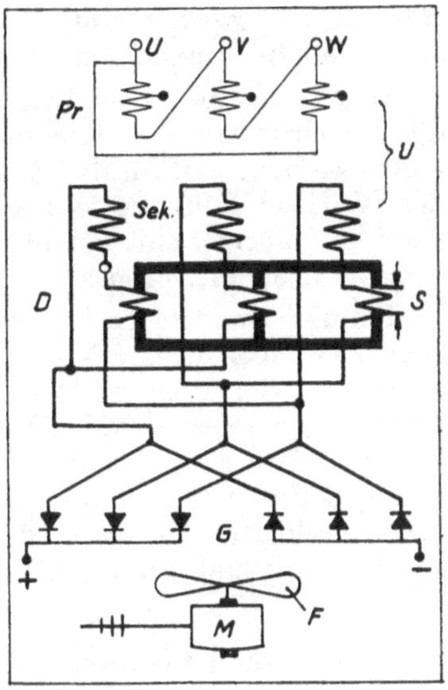

Abb. 27. Schweißgleichrichter

Die Stromregulierung kann u. a. noch auf folgende Art erfolgen:

1. Stromregulierung durch Vormagnetisierung

Bei dieser Regelart werden im Sekundär- oder Primärkreis Drosseln angebracht und es erfolgt die Vormagnetisierung der Drossel mit Gleichstrom, der einem eigenen Gleichrichter (Erregergleichrichter) entnommen wird. Die Erregerleistung ist nicht unbedeutend und es haben daher Gleichrichter mit vormagnetisierten Drosseln erhöhte Leerlaufverluste. Die Leerlaufspannung kann bei Gleichrichtern mit vormagnetisierten Drosseln von der Stärke der Vormagnetisierung abhängig, also veränderlich sein, d. h. es kann die Leerlaufspannung mit der Stromstärke mitgeregelt werden und es haben dann die statischen Charakteristiken etwa das Aussehen nach Abb. 8.

2. Stromregulierung auf direktem Wege

In diesem Falle erfolgt die Stromregulierung ohne Vormagnetisierung und ohne Drossel, also direkt, und zwar mittels Streutransformatoren, wie sie von den Schweißtransformatoren her bekannt sind. Bei dieser Regelungsart ist die Leerlaufspannung von der Stromeinstellung praktisch unabhängig und es arbeiten derartige Schweißgleichrichter mit kleineren Leerlaufverlusten.

Bei den Selen-Schweißgleichrichtern kann man allgemein feststellen, daß sie einen größeren Scheinleistungsverbrauch haben als Gleichstrom-Schweißumformer. Es ist dies darauf zurückzuführen, daß sie mit einem wesentlich schlechteren Leistungsfaktor arbeiten, d. h. sie sind größere

Blindlastverbraucher und werden daher von den EVU bezüglich der Anschlußgebühr ähnlich wie die Schweißtransformatoren behandelt.

Wegen des niedrigen Leistungsfaktors fordern mitunter die EVU, daß die Gleichrichter mit Kondensatoren zur Blindlastkompensation ausgerüstet werden, weil für die Energie-Übertragungseinrichtung in erster Linie der Vollast-Leistungsfaktor maßgebend ist. In dieser Hinsicht sind Schweißumformer mit einem um etwa 30% höheren Leistungsfaktor dem Gleichrichter überlegen.

Bei den Umformern besteht noch die Möglichkeit, bei kleineren Lichtbogenleistungen in der Motor-Sternstellung zu arbeiten (erste Schaltstelle beim ⅄/△-Schalter), wodurch sich sehr günstige Verhältnisse bei kleineren Belastungen ergeben (vgl. Abschnitt II). Bezüglich des Wirkungsgrades ist zu sagen, daß er wesentlich kleiner ist als bei Schweißtransformatoren. Gegenüber den Umformern nimmt man allgemein an, daß er besser ist. Es ist aber für beträchtliche Unterschiede keine Ursache gegeben, denn der Schweißumformerwirkungsgrad setzt sich aus

Motor- und Generatorwirkungsgrad

zusammen und der Schweißgleichrichterwirkungsgrad aus

Transformator- und Gleichrichterwirkungsgrad bzw.

aus Transformator-Regeldrossel- und Gleichrichterwirkungsgrad.

Bei den üblichen Sperrspannungen von etwa 18 bis 30 V und den Leerlaufspannungen von etwa 65 bis 75 V hat z. B. bei einem 200 A-Gerät der Gleichrichter einen Wirkungsgrad von etwa 70—80 v.H., das heißt, der Gesamtwirkungsgrad des Schweißgleichrichters wird sich mit dem Transformator-Wirkungsgrad von etwa 70—80 % daher meistens nur unwesentlich vom Umformerwirkungsgrad unterscheiden. Kleinere Wirkungsgrad-Differenzen wirken sich übrigens praktisch kaum aus, weil die Stromkosten gegenüber den Lohn- und Elektrodenkosten verhältnismäßig klein sind. Für überschlägige Vergleichsrechnungen wird allgemein angegeben, daß zum Abschmelzen von 1 kg stark ummantelter Normalelektroden mit 4 mm ⌀ etwa 1 Stunde benötigt wird (reine Schweißzeit 55 % = 33 Minuten) und daß der hierfür erforderliche Energieverbrauch beim Schweißtransformator etwa 4 kWh beträgt und beim Schweißgleichrichter und Schweißumformer um etwa 30 bzw. 50 % mehr. Dem Vorteil des Transformators im Energieverbrauch steht als Nachteil der erhöhte Blindlastverbrauch und die erhöhte Anschlußgebühr (vgl. Abschnitt VIII) gegenüber.

Bei den Schweißgleichrichtern kann man ähnliche Verhältnisse feststellen wie bei den Schweißgeneratoren; man findet mitunter Vorwiderstände im Schweißstromkreis eingebaut. Diese Maßnahme wird bekanntlich entweder zur Verbesserung der Schweißeigenschaften im unteren Strombereich angewendet oder zur Erweiterung des Regelbereiches nach unten. Vor längerer Zeit war bei bestimmten Erzeugnissen eine schweißtechnische Überlegenheit gegenüber Gleichstromumformern, insbesondere im Bereiche niedriger Ströme feststellbar. Heute baut man aber Gleichstromgeneratoren (Abb. 13), die auch im Bereiche niedriger Ströme und ohne Vorwiderstände im Schweißstromkreis alle schweißtechnischen Anforderungen voll erfüllen.

Es wurde bereits erwähnt, daß die Gleichrichter gegen Überlastungen sehr empfindlich sind. Es werden daher von den Herstellern von Gleichrichterplatten als zulässige Plattentemperatur etwa 55° empfohlen. Davon sind 35° C für die genormte Umgebungstemperatur vorgesehen, d. h. im Betrieb dürfen sich bei 35° Umgebungstemperatur die Platten nur um weitere 20° (Übertemperatur genannt) erwärmen. Größere Überlastungen führen entweder zur Zerstörung oder sie verursachen eine rasche Alterung, wodurch der innere Widerstand der Platten rasch zunimmt, was eine Verminderung der Gleichspannung (Spannungsabfall) zur Folge hat. Größere Spannungsabfälle treten auf der Gleichstromseite noch durch die Netzspannungsabfälle auf, die besonders in ländlichen Versorgungsgebieten mitunter sehr groß sind. Wegen der nachteiligen Auswirkungen ist es daher üblich, bei den zugehörigen Transformatoren Anzapfungen auf der Primärseite zum Ausgleich des Spannungsabfalles und der Alterung, die auch nach längerer Betriebszeit eintritt, anzubringen. Will man also die Spannungsabfälle ausgleichen, dann werden die Anzapfungen benutzt, d. h. der Transformator arbeitet mit einem stärkeren Feld und die Folge davon ist eine erhöhte Sekundär- und Gleichspannung. Bei sehr großen Netzspannungsschwankungen, wie sie in ländlichen Ortsnetzen oft durch motorische Antriebe entstehen, ist bei der Benutzung der Anzapfungen darauf zu achten, daß die Leerlaufspannung nicht zu groß wird, weil sonst die vorhin angegebenen Sperrspannungswerte überschritten werden. Bekanntlich sind die Gleichrichter-Platten auch spannungsempfindlich.

VII. Problematik der Leerlaufspannung

Bei gewissen Arbeiten, beispielsweise Kesselschweißungen, wird eine Wechselstrom-Leerlaufspannung von 75 V (höchstzulässige, österr. Normenspannung) als gefährlich bezeichnet und es kommt häufig vor, daß man nur aus diesem Grunde die Gleichstromschweißung bevorzugt. Dazu ist folgendes zu sagen:

Nicht erst 75 oder 80 V sind gefährlich, sondern unter Umständen schon 60 V Gleichstrom. Der Widerstand des menschlichen Körpers selbst ist sehr gering und es entfällt der Hauptanteil auf den Übergangswiderstand $R_{ü}$ der Berührungsflächen (Hände), der sehr verschieden sein kann, weil er von der Dicke der Haut und ihrer Beschaffenheit (naß oder trocken, schmutzig oder rein) abhängig ist. Der gesamte Körperwiderstand einschließlich $R_ü$ wird mit etwa 3000 Ω angenommen und die gefährlich werdende Stromstärke mit etwa 0,02 A. Vermutlich kann der 5fache Wert, also 0,1 A bereits tödlich wirken. Diesen Annahmen zufolge beginnt die Gefahr bereits bei 60 V Gleichstrom, was jeder Schweißer wissen soll, damit er sich gegen diese Gefahr durch Tragen von Handschuhen usw. schützt.

Wechselstrom wirkt stärker „elektrisierend", d. h. unangenehmer prickelnd als Gleichstrom, weil es sich bei der angegebenen Spannung um den Effektivwert handelt und der Höchstwert 1,41mal so groß ist. Allgemein kann man feststellen, daß Schweißer, die an Gleichstromgeneratoren gewöhnt sind, nur ungern mit Wechselstromgeräten arbeiten, weil sie stark „elektrisieren". Bei Benutzung von Zündgeräten tritt natürlich ein verstärktes Prickeln auf.

Bei Gleichstrom-Schweißgeneratoren ist eine Leerlaufspannung von etwa 60 V auch ohne Handschuhe meistens gar nicht spürbar, weshalb man Gleichstromgeräte bis etwa 60 V als ungefährlich ansieht.

Tatsächlich ist es so, daß Unfälle bei der Lichtbogenschweißung durch elektrische Einwirkung besonders im Vergleich zu verwandten Berufen sehr selten sind, obwohl in den meisten ausländischen Staaten auch bei der Wechselstrom-Handschweißung Leerlaufspannungen bis 100 V üblich und 80 V die Regel sind. Die Begründung ist kurz folgende:

1. Bei der normalen Wechselstromschweißung werden fast ausnahmslos nur ummantelte Elektroden mit nichtleitender Umhüllung verwendet, wodurch beim Elektrodenwechsel die Gefahr sehr vermindert wird.
2. Beim Schweißen selbst besteht in der Regel auch keine Gefahr, weil die Arbeitsspannung bei normalen Schweißungen höchstens 40 V beträgt und bei der Verschweißung von Tiefbrandelektroden etwa 50 V.
3. Die meisten Menschen sind gegen elektrische Schläge sehr empfindlich, weshalb sie sehr darauf bedacht sind, daß die üblichen Schutzmittel, wie Handschuhe und isolierter Elektrodenhalter, stets in Ordnung sind.

Nach weit verbreiteter Ansicht läßt sich eine Leerlaufspannung von etwa 80 V bei der Wechselstromschweißung noch verantworten. Mit dieser Spannung werden erstens die schweißtechnischen Bedingungen (Abb. 16, Kurve *b*) bei Kleinstrom-Schweißungen erfüllt und zweitens wird damit die notwendige Anpassung an die meisten ausländischen Staaten hergestellt. Höhere Leerlaufspannungen sind schon deshalb nicht empfehlenswert, weil sie durch bloße Schockwirkungen zu Unfällen Anlaß geben können.

Um der aufgezeigten Gefahr zu begegnen, werden mitunter Schutzschaltungen angeordnet, z. B. in der Weise, daß im Leerlauf die Sekundärspannung mittels eines Relais auf eine ungefährliche Spannung reduziert wird. Die

Sicherheitseinrichtungen verteuern besonders die Kleingeräte beachtlich, weshalb sie allgemein nicht üblich sind.

Die Leerlaufspannungsgefahr läßt sich bei den Wechselstrom-Schweißtransformatoren dadurch vermindern, daß man den Stromregelbereich unterteilt und jedem Bereich die erforderliche Leerlaufspannung (Abb. 16) zuordnet. Diese Möglichkeit wird bei Großstromtransformatoren durch die Tendenz, Elektroden mit sehr hohen Arbeitsspannungen zu verwenden, natürlich eingeengt. Es ist bekannt, daß man bei den Tiefbrandelektroden Lichtbogenspannungen von 65 V anstrebt, d. h. die Leerlaufspannung müßte bei derartigen Elektroden aus statischen Gründen sehr erhöht werden. Diese Entwicklung würde schließlich dazu führen, daß die meisten auf dem Markt befindlichen Schweißtransformatoren (auch viele Gleichstrom-Schweißgeneratoren) für die Verarbeitung solcher Elektroden ungeeignet wären.

Demnach fordert einerseits die Wechselstrom-Lichtbogenschweißung Leerlaufspannungen, die sich nach den bisherigen Erkenntnissen mit der Sicherheit des Bedienenden nicht in Einklang bringen lassen und andererseits verlangt der Fortschritt anscheinend eine weitere Erhöhung. Es werden sich daher Fachorganisationen und Unfallverhütungsanstalten mit diesem Problem noch ernstlich zu beschäftigen haben.

VIII. Netzanschluß von Lichtbogen-Schweißgeräten

Die Lichtbogen-Schweißgeräte sind für Ortsnetze Großstromverbraucher und unterliegen deshalb der Anmeldepflicht.

Die für die Erstellung der Grundgebühr erforderliche Anschlußleistung wird nur angenähert bestimmt und es werden nachstehend die üblichen Ermittlungsmethoden besprochen und Hinweise für die überschlägige Berechnung gegeben.

Bei Schweißumformern, die für den Handschweißbetrieb (HSB) bestimmt sind, lautet z. B. die Bestimmung für die Prüfung und Typierung nach VDE 0540 u. a. wie folgt:

„Die Erwärmungsprüfung ist bei Schweißgeneratoren beim Nenn-Handschweißstrom und der zugehörigen genormten Arbeitsspannung unter Einhaltung des genormten Arbeitsspieles vorzunehmen. Für das Leistungsschild des Antriebsmotors eines Schweißumformers gilt VDE 0530. Leistung und Nennstrom sind stets für den Dauerbetrieb DB nach VDE 0530 anzugeben.“

Demnach ist der Schweißgenerator thermisch im Handschweißbetrieb zu prüfen und für die Motortypierung, also für die Anschlußleistung N_A, ist der Dauerbetrieb maßgebend.

Bei den Schweißtransformatoren ist es üblich, die Anschlußleistung aus der typierten Kurzschlußleistung N_K zu ermitteln und es ist $N_A = 0{,}5\, N_K$, d. h. es wird die halbe Kurzschlußleistung als Anschlußleistung gewertet. Bei den Schweißgleichrichtern wird empfohlen, sie wie Schweißtransformatoren zu behandeln.

Um die Anschlußleistung angenähert ermitteln zu können, ist zunächst festzustellen, welches Leistungsverhältnis zwischen Handschweißbetrieb HSB und Dauerbetrieb DB besteht und welche Bewandtnis es beim Transformator und Gleichrichter mit der Kurzschlußleistung hat.

Das Leistungsverhältnis zwischen Dauerbetrieb und Handschweißbetrieb beträgt beim Umformer etwa $^2/_3$; denn bei Einhaltung des genormten Arbeitsspieles entfallen 55 % der Arbeitszeit auf den Handschweißbetrieb, 45 % auf den Leerlauf, und die Leerlaufverluste betragen etwa 12 % von der höchsten Wirkleistungsaufnahme, so daß das angegebene $^2/_3$-Verhältnis meistens unterschritten wird. In Übereinstimmung mit dieser Anschlußleistungsbestimmung ist der Dynamo-Dauerstrom DB mit etwa dem $^2/_3$-HSB-Strom zu typieren und für diese reduzierte Stromstärke ist die Anschlußleistung nach VDE 0530 zu ermitteln. Der Kurzschluß (Zünden) wirkt sich beim Umformer nicht nachteilig aus, weil die Sekundärleistung (E fast null) klein ist und es können daher beim Zünden keine schädlichen Rückwirkungen im Netz entstehen. Der Gleichstromumformer arbeitet weiter mit einem sehr guten Leistungsfaktor, so daß der tariffreie Blindstromanteil nie überschritten wird, d. h. es entstehen auch in dieser Hinsicht keine zusätzlichen Anschlußkosten.

Der Schweißtransformator wird auch für den Handschweißbetrieb gebaut, d. h. es besteht zwischen DB und HSB angenähert dasselbe $^2/_3$-Verhältnis wie beim Umformer, weil sich die geringeren Leerlaufverluste des Transformators hier nicht nennenswert auswirken. Beim Zünden bzw. bei Kurzschlüssen kann die primäre Kurzschlußleistung des Transformators etwa den 1,2- bis 1,3fachen Wert von der HSB-Leistung erreichen (vgl. Abschnitt III) und es wird dies bei späteren Berechnungen mit dem Faktor $f_k = 1{,}25$ (Mittelwert) berücksichtigt. Da derartige Kurzschlüsse beim Schweißen häufig vorkommen, wirken sie sich in schwachen Netzen besonders nachteilig auf den Lichtbetrieb aus, weshalb man bei Schweißtransformatoren die Anschlußleistung N_A von der Kurzschlußleistung N_K abhängig macht; es ist üblich, $N_A = 0{,}5 \cdot N_K$ zu setzen, d. h. es werden Transformatoren mit kleiner Kurzschlußleistung tariflich begünstigt.

1. Überschlägige Ermittlung der Anschlußleistung

Zum Vergleich wählen wir Schweißgeräte für etwa 200 A im Handschweißbetrieb, weil der Anschlußfrage gerade bis zu dieser Schweißstromstärke (gewerbliche Betriebe und schwache Netze) eine erhöhte Bedeutung zukommt. Im nachstehenden werden die für die Berechnung erforderlichen Werte für Wirkungsgrad und Leistungsfaktor angenähert angegeben.

Der einphasige Schweißtransformator arbeitet als Streutransformator mit einem niedrigen Leistungsfaktor von etwa 0,4. Es wird allgemein von Seite der EVU eine Erhöhung auf mindestens 0,6 gefordert. In manchen Ländern ist sogar 0,7 als Mindestwert vorgeschrieben, d. h. Schweißtransformatoren sind immer mit Kondensatoren, also mit einer Blindlastkompensation, ausgestattet. Der Wirkungsgrad beträgt etwa 80 v.H. und ist genügend genau, wenn man mit

$$\eta \cdot \cos\varphi \cong 0{,}56$$

rechnet. In diesem Zusammenhang ist zu sagen, daß Wechselstrom-Schweißumformer, bestehend aus Drehstrommotor und Wechselstromgenerator mit hoher Periodenzahl, angenähert mit demselben Wert arbeiten. Der Unterschied besteht darin, daß der Leistungsfaktor etwa 0,85 beträgt und der Wirkungsgrad entsprechend niedriger ist.

Für den Schweißgleichrichter lassen sich nur sehr ungenaue Werte für den Leistungsfaktor und Wirkungsgrad angeben, weil große Unterschiede, bedingt durch Regelprinzip, Sperrspannungswerte usf. vorkommen. Es beträgt η etwa 55 bis 65 v.H. und $\cos\varphi$ etwa 0,67 bis 0,57 bei einer mittleren Lichtbogenspannung von etwa 25 V. Somit ist angenähert

$$\eta \cdot \cos\varphi \cong 0{,}38.$$

Die Gleichstrom-Schweißumformer arbeiten mit einem Leistungsfaktor von 0,85 bis 0,88 und mit einem mittleren Wirkungsgrad von etwa 52 v.H. und es ist

$$\eta \cdot \cos\varphi \cong 0{,}45.$$

Die höchste Lichtbogenleistung beträgt bei einem 200-A-Schweißgerät etwa 5,6 kW, weil für die Verschweißung einer stark ummantelten Normalelektrode mit 200 A eine Lichtbogenspannung E_2 von etwa 28 V erforderlich ist. Demnach ist $E_2 \cdot J_2 = 28 \times 200 = 5{,}6$ kW. Bei der Verwendung von Tiefbrandelektroden kann die höchste Lichtbogenleistung größer oder kleiner als 5,6 kW sein, weil sie von der Steilheit der statischen Kennlinie abhängig ist. Bei der als günstig bezeichneten Kennlinienform in Abb. 4, Kurve *a*, beträgt die Lichtbogenleistung $E_2 \cdot J_2 = 42 \cdot 155 = 6{,}5$ kW, also nur um rund 15 %, mehr, weshalb sie hier nicht berücksichtigt wird, da bei Kleinschweißgeräten 5,6 kW schon als überdurchschnittliche Belastung zu werten ist.

Da für die Bemessung der Energieübertragungseinrichtung die normale Höchstbelastung maßgebend ist, wird bei den nachstehenden Vergleichsrechnungen auch von der ermittelten normalen Höchstleistung ausgegangen. Die Netzspannung U_1 wird mit 380 V verkettet gewählt (Phasenspannung

$U_p = 220$ V) und es ist bei anderen Netzspannungen die Stromstärke proportional umzurechnen.

Bei der Ermittlung der Grundgebühr ist in Österreich mit einem Preis von etwa S 20,— je PS oder S 27,— je kW und Monat zu rechnen.

2. Ermittlung der elektrischen Daten beim Gleichstromumformer

Bei der Ermittlung der Grundgebühr wird die an der Welle abgegebene nutzbare Dauerleistung in PS oder kW ermittelt, und es ist bekanntlich

$$\mathrm{kVA} \cong \frac{\mathrm{PS} \cdot 0{,}736}{\eta_{Mo} \cdot \cos\varphi}, \text{ daher PS} \cong \mathrm{kVA} \text{ oder kW} \cong \frac{\mathrm{kVA}}{1{,}36},$$

weil bei dieser Leistungsgröße allgemein mit $\eta_{Mo} \cdot \cos\varphi = 0{,}86 \times 0{,}86 = 0{,}736$ gerechnet werden kann. Weiter ist:

$$\text{Scheinleistung } N_S \cong \frac{E_2 \cdot J_2}{\eta \cdot \cos\varphi \cdot 1000} \cong \frac{28 \cdot 200}{0{,}52 \cdot 0{,}86 \cdot 1000} \cong 12{,}5\,\mathrm{kVA} \cong PS \cong N_A$$

$$\text{Netzstromstärke } J_1 = \frac{\mathrm{kVA} \cdot 1000}{U_1 \cdot \sqrt{3}} = \frac{12500}{660} = 19\ \mathrm{A}$$

$$\text{Wirkleistung } N_W = \frac{3 \cdot U_p \cdot J_1 \cdot \cos\varphi}{1000} = \frac{660 \cdot 19 \cdot 0.86}{1000} = 10{,}8\,\mathrm{kW} = 3{,}6 \text{ je Phase}$$

$$\text{Blindleistung } N_B = \frac{3 \cdot U_p \cdot J_1 \cdot \sin\varphi}{1000} = \frac{660 \cdot 19 \cdot 0{,}51}{1000} = 6{,}4\,\mathrm{BkW} = 2{,}13 \text{ je Phase}$$

Die auf den Dauerbetrieb reduzierte Scheinleistung

$$N'_S \cong N_S \cdot \frac{2}{3} \cong 12{,}5 \cdot 0{,}66 \cong 8{,}2\ \mathrm{kVA}.$$

Somit ist die Anschlußleistung $N_A \cong$ kVA $\cong 8{,}2$ PS $= 8{,}2 \cdot 0{,}736 = 6$ kW oder genügend genau $N_A \cong N_S \cdot 0{,}48$ in kW bzw. $N_S \cong N_A/0{,}48$, wenn man aus der typierten Dauerbetriebsleistung N_A in kW die Höchstleistung in kVA ermitteln will.

3. Ermittlung der elektrischen Daten beim kompensierten Einphasen-Schweißtransformator

Der einphasige Schweißtransformator wird an zwei Phasen, z. B. U und V, angeschlossen. Dadurch entsteht eine Unsymmetrie und es läßt sich mit Hilfe des Stromdiagramms (vgl. Abb. 28) nachweisen, wie sich die Wirk- und Blindlast auf die einzelnen Phasen verteilt. Bezogen auf die verkettete Spannung eilt der Strom bei dem üblichen Leistungsfaktor von $\cos\varphi = 0{,}7$ der Spannung um den Winkel von 45,5° nach und es ist daher $\sin\varphi = \sqrt{1 - \cos^2\varphi} = 0{,}71$. Somit ist die

$$\text{Scheinleistung } N_S \cong \frac{E_2 \cdot J_2}{\eta \cdot \cos\varphi \cdot 1000} \cong \frac{28 \cdot 200}{0{,}8 \cdot 0{,}7 \cdot 1000} \cong 10 \text{ kVA}$$

$$\text{Netzstrom } J_1 = \frac{\text{kVA} \cdot 1000}{U_1} \cong \frac{10000}{380} \cong 26{,}3 \text{ A}$$

$$\text{Wirkleistung } N_W = \frac{U_1 \cdot J_1 \cdot \cos\varphi}{1000} \cong 0{,}38 \cdot 26{,}3 \cdot 0{,}7 \cong 7 \text{ kW}$$

$$\text{Blindleistung } N_B = \frac{U_1 \cdot J_1 \cdot \sin\varphi}{1000} \cong 0{,}38 \cdot 26{,}3 \cdot 0{,}71 \cong 7 \text{ BkW.}$$

Wie bereits erwähnt, ist beim Schweißtransformator die Höchstleistung nicht N_S, sondern die Kurzschlußleistung N_K und es ist $N_K \cong N_S \cdot f_K \cong 10 \cdot 1{,}25 \cong 12{,}5$ kVA und die Kurzschlußstromstärke

$$J_K = \frac{N_K \cdot 10^3}{U_1} = \frac{12{,}5 \cdot 1000}{380} = 33 \text{ A}.$$

Bezogen auf die Phasenspannungen beträgt die Phasenverschiebung in Phase U $45{,}5° - 30° = 15{,}5°$, daher ist $\cos\varphi = 0{,}964$ und $\sin\varphi = 0{,}267$. In Phase V beträgt die Phasenverschiebung $45{,}5° + 30° = 75{,}5°$, daher $\cos\varphi = 0{,}25$ und $\sin\varphi = 0{,}968$. Demnach führt die Phase U praktisch nur Wirklast und die Phase V nur Blindlast, d. h. die Wirk- und Blindlastaufteilung in den einzelnen Phasen ist stark ungleich, und zwar:

$$\text{In Phase } U \text{ ist } N_W = \frac{220 \cdot 26{,}3 \cdot 0{,}964}{1000} = 5{,}55 \text{ kW}$$

$$\text{In Phase } V \text{ ist } N_W = \frac{220 \cdot 26{,}3 \cdot 0{,}267}{1000} = 1{,}54 \text{ kW}$$

$$\text{In Phase } U \text{ ist } N_B = \frac{220 \cdot 26{,}3 \cdot 0{,}25}{1000} = 1{,}44 \text{ BkW}$$

$$\text{In Phase } V \text{ ist } N_B = \frac{220 \cdot 26{,}3 \cdot 0{,}968}{1000} = 5{,}6 \text{ BkW}.$$

Der erhöhte Blindleistungsverbrauch wird bei der Ermittlung der Anschlußleistung allgemein mit etwa 10% Zuschlag, also mit dem Faktor $f_b = 1{,}1$ berücksichtigt. Ein Vergleich mit dem Gleichstromumformer zeigt weiter, daß die primäre Stromaufnahme beim Schweißtransformator trotz des einphasigen Anschlusses nur um etwa 35 % höher ist (η besser) und es wird diese Netzmehrbelastung bei der Ermittlung der Anschlußleistung auch irgendwie zu berücksichtigen sein. Dies geschieht mit dem Faktor $f_i = 1{,}35$. Geht man nun bei der Ermittlung der Anschlußgebühr für den Schweißtransformator der Einfachheit bzw. der besseren Übersicht wegen von der Umformerformel $N_A \cong N_S \cdot 0{,}48$ aus, dann wird $N_A \cong N_S \cdot 0{,}48 \cdot f_K \cdot f_b \cdot f_i \cong N_S \cdot 0{,}48 \cdot 1{,}25 \cdot 1{,}1 \cdot 1{,}35 \cong N_S \cdot 0{,}9 = N_K \cdot 0{,}72 \cong 12{,}5 \cdot 0{,}72 \cong 9$ kW,

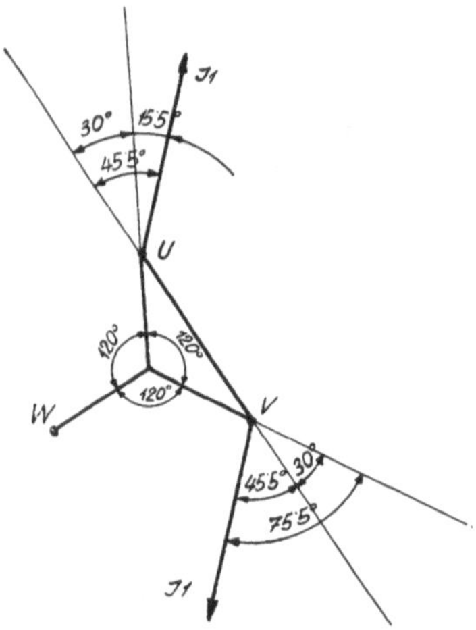

Abb. 28. Stromdiagramm

d. h. es ist gegenüber dem Umformer eine um 50 % höhere Anschlußgebühr zu entrichten, was mit Rücksicht auf die nachteiligen Auswirkungen auf die Energieübertragungseinrichtung als angemessen zu bezeichnen ist. Mit der üblichen Bemessung $N_A = N_K \cdot 0{,}5$ wird der einphasige Schweißtransformator im Anschluß zum Nachteil des Energielieferanten zu sehr begünstigt.

4. Ermittlung der elektrischen Daten beim Schweißgleichrichter

Die Schweißgleichrichter werden allgemein mit einem dreiphasigen Anschluß ausgeführt und es wird das Netz praktisch symmetrisch belastet. Der zugehörige Transformator hat meistens eine große Streuung und es hat daher der Schweißgleichrichter auch dasselbe oder ein ähnliches Kurzschlußverhalten wie ein Schweißtransformator und es ist:

$$\text{Scheinleistung } N_S \cong \frac{E_2 \cdot J_2}{\eta \cdot \cos\varphi \cdot 1000} \cong \frac{28 \cdot 200}{0{,}58 \cdot 0{,}67 \cdot 1000} \cong 14{,}4 \text{ kVA}$$

$$\text{Netzstromstärke } J_1 = \frac{\text{kVA} \cdot 1000}{U_1 \cdot \sqrt{3}} = \frac{14400}{660} = 21{,}8 \text{ A}$$

$$\text{Wirkleistung } N_W = \frac{3 \cdot U_p \cdot J_1 \cdot \cos\varphi}{1000} = \frac{660 \cdot 21{,}8 \cdot 0{,}67}{1000} = 9{,}6 \text{ kW} = 3{,}2 \text{ je Phase}$$

$$\text{Blindleistung } N_B = \frac{3 \cdot U_p \cdot J_1 \cdot \sin\varphi}{1000} = \frac{660 \cdot 21{,}8 \cdot 0{,}74}{1000} = 10{,}6 \text{ BkW} \cong 3{,}5 \text{ je Phase}$$

$$\text{Kurzschlußleistung } N_K \cong N_S \cdot f_K \cong 14{,}4 \cdot 1{,}25 \cong 18 \text{ kVA};$$

$$J_K = 18000/660 = 27{,}3 \text{ A}.$$

Demnach ist auch der Schweißgleichrichter ein größerer Blindleistungsverbraucher und es ist, wenn man wieder von der Umformerformel ausgeht, angenähert

$$N_A \cong N_S \cdot 0{,}48 \cdot f_K \cdot f_b \cong N_S \cdot {}^2/_3 \cong N_K \cdot 0{,}5 \cong 18 \cdot 0{,}5 \cong 9 \text{ kW},$$

d. h. der unkompensierte Schweißgleichrichter hat annähernd den gleichen Anschlußwert wie der kompensierte Einphasen-Schweißtransformator.

Erfolgt die Stromregulierung aber mittels einer vormagnetisierten Drossel, dann kann N_K auch kleiner als N_S werden. Bei solchen Geräten ist etwa $N_A \cong N_S \cdot 0{,}48 \cdot 1{,}1 \cong N_S \cdot 0{,}53$. Man kann daher allgemein mit einem Mittelwert

$$N_A \cong N_S \cdot 0{,}6$$

rechnen.

Demnach können Schweißgleichrichter mit vormagnetisierten Drosseln hinsichtlich der Anschlußgebühr geringe Vorteile bringen, sie haben aber größere Verluste im Betrieb, so daß sich die einzelnen Schweißgleichrichter-Bauarten bezüglich der gesamten Energiekosten untereinander meistens nicht wesentlich unterscheiden.

5. Gegenüberstellung der elektrischen Daten für die Höchstbelastung

Gerät	Gleichstromumformer				Einph. Transformator			Gleichrichter			
Phase	*U*	*V*	*W*		*U*	*V*		*U*	*V*	*W*	
Wirklast	3,6	3,6	3,6	= 10,8	5,55	1,54	= 7,09	3,2	3,2	3,2	= 9,6
Blindlast	2,13	2,13	2,13	= 6,4	1,44	5,6	= 7,04	3,53	3,53	3,53	= 10,6
Phasenstrom	19	19	19		26,3	26,3		1,8	21,8	21,8	
Scheinleistung	12,5 kVA				10 kVA			2	14,4 kVA		
Anschlußwert	6 kW				9 kW			8,6 kW (Mittelwert)			
Grundgebühr	S 162 je Monat				S 243 je Monat			S 232 je Monat			

Die Stromverrechnung erfolgt allgemein auf zwei Arten, und zwar:

a) Es wird der tatsächliche Stromverbrauch in kWh verrechnet (in Österreich S 1,40 je kWh).

b) Es wird eine Grundgebühr eingehoben und dafür die kWh zu einem verminderten Preis abgegeben (in Österreich werden etwa S 27 — je kW Anschlußleistung und Monat verrechnet und S 0,50 für jede kWh).

Werden also beispielsweise mit dem 200-A-Schweißtransformator je Monat 250 kWh, also etwa 10 kWh täglich, verbraucht, dann ist es gleichgültig, welchen Tarif man wählt. Unter 250 kWh bringt der Fall a) Vorteile und über 250 kWh der Fall b) und es sind daher in Fällen mit sehr unregelmäßigem Stromverbrauch auch Sonderabkommen zwischen Stromabnehmer und Stromlieferanten üblich.

Zusammenfassend kann man also sagen, daß der Umformer die Energieübertragungseinrichtung am günstigten beansprucht; es bestehen daher im allgemeinen für den Umformer auch keine Netzanschlußschwierigkeiten. Die Schweißtransformatoren belasten u. a. das Netz unsymmetrisch und es werden deswegen von Seite der EVU mitunter Einschränkungen gemacht. Die Schweißgleichrichter belasten das Netz praktisch symmetrisch, sie sind aber auch größere Blindlastverbraucher, so daß sie häufig auch mit Kondensatoren zur Blindlastkompensation ausgestattet werden.

IX. Gleichstrom- oder Wechselstromschweißung?

Die immer wieder gestellte Frage, welcher Stromart (Wechselstrom oder Gleichstrom) der Vorzug zu geben ist, läßt sich nicht so ohne weiteres beantworten, weil in dem einen Falle die Gleichstromschweißung Vorteile bringt und es in einem anderen Falle umgekehrt sein kann.

Damit sich der Leser selbst ein Urteil bilden kann, wird nachstehend eine Gegenüberstellung

Einphasentransformator — Gleichstromumformer

gemacht unter der Annahme, daß verschiedenartige Elektroden Anwendung finden sollen und ein Transformator ohne Schutz- und Zusatzgeräte verwendet wird. Diese Gegenüberstellung läßt erkennen, daß überall dort, wo die verschiedenartigsten Elektroden Anwendung finden, z.B. in gewerblichen Betrieben, die Gleichstromschweißung größere Vorteile bringt. Denn für hochwertige Schweißarbeiten kann häufig die Seelenelektrode an Stelle der starkummantelten Elektrode verwendet werden bzw. ist es bei gewissen Schweißarbeiten vorteilhaft, nur Seelenelektroden zu verwenden. Schließlich kann bei gewöhnlichen Schweißarbeiten, z. B. bei Auftrags- und Verbindungsschweißungen, die leichtummantelte Elektrode durch eine billigere Blankelektrode ersetzt werden. Angenähert kann man damit rechnen, daß die starkummantelte Elektrode etwa 2mal soviel kostet wie die Seelenelektrode und die Seelenelektrode oder leichtummantelte Elektrode etwa 2mal soviel wie die gewöhnliche Blankelektrode, so daß sich durch die richtige Wahl der Elektrodensorte oft beträchtliche Ersparnisse erzielen lassen, weil die Elektrodenkosten den Hauptanteil von den Gesamtkosten ausmachen können. Es ergibt sich daraus, daß die Geräte-Anschaffungskosten häufig eine untergeordnete Rolle spielen, weil die Betriebskosten die Wirtschaftlichkeit entscheidend beeinflussen. Es ist dies mit ein Grund dafür, daß die Gleichstromschweißung so stark verbreitet ist.

Die Gleichstromschweißung wird dann empfohlen, wenn

a) verschiedenartige Schweißungen durchzuführen sind,

b) Netzanschlußschwierigkeiten bestehen und

c) eine ungefährlichere Leerlaufspannung erwünscht ist.

Mit ummantelten Transformatorelektroden ist die Wechselstromschweißung in jeder Hinsicht der Gleichstromschweißung gleichwertig; siehe weitere Vergleiche zwischen den beiden Verfahren u. a. im Abschnitt I.

Gegenüberstellung	Einphasen-transformator	Gleichstrom-umformer
1. Verwendung von starkummantelten und leichtummantelten Elektroden: Elektrodenverbrauch und -kosten	etwa 100%	100%
2. Verwendung von Seelenelektroden: (mit Wechselstrom praktisch nicht verarbeitbar)	—	etwa 50% von 1.
3. Verwendung von Blankelektroden: (mit Wechselstrom nicht verarbeitbar)	—	etwa 50% von 2. oder etwa 25% von 1.
4. Verschweißbarkeit von Nichteisenelektroden:	nein	ja
5. Zeitaufwand für die Verschweißung der gleichen Elektrodensorte	etwa 100%	100%
6. Wirkleistungsverbrauch bei 55% Schweißzeit und 45% Leerlaufzeit (Transformator hat besseren Wirkungsgrad und kleinere Leerlaufverluste)	etwa 100%	140%
7. Grundgebühr (Ungünstige Auswirkung des einphasigen Anschlusses und großer Blindlastverbrauch)	etwa 150%	100%
8. Anschaffungskosten	100%	etwa 150%

Die übrigen Wechselstrom-Schweißgeräte, wie Schweißwandler, Schweißperiodenumformer und Wechselstrom-Schweißumformer schneiden wegen des höheren Anschaffungspreises gegenüber dem Gleichstromumformer ungünstiger ab.

Literaturverzeichnis

1. Brüderlink und Geigenmüller: Das L-K-L-Diagramm der fremderregten Gleichstrommaschine mit Gegenreihenschlußwicklung. E u. M 1951, Heft 17.

2. Rosenberg: Gleichstromdynamo für Lichtbogenschweißung. ETZ 1928, Heft 2.

3. Königshofer: Neuerungen im Bau von Querfeld-Schweißgeneratoren. E u. M 1954, Heft 19.

4. Bergmann: Blindlast und Anschlußwert von Lichtbogen-Schweißtransformatoren. Schweißen und Schneiden 1952, Heft 2.

5. Krämer: Ein neuer Schweißtransformator mit Frequenzwandlung und symmetrischer Netzbelastung. ETZ 1950, Heft 8/9.

SAMMLUNG GÖSCHEN

Jeder Band DM 2,40 Doppelbände DM 4,80

Die elektrischen Schweißverfahren. Von HANS NIESE
2. Auflage. Neu bearbeitet von HANS DIENST. 136 Seiten mit 58 Abbildungen. 1955. *(Band 1020)*

Autogenes Schweißen und Schneiden. Von HANS NIESE
5. Auflage. Neu bearbeitet von A. KÜCHLER. 136 Seiten mit 71 Figuren. 1954. *(Band 499)*

Induktionsmaschinen. Von F. UNGER
2., erweiterte Auflage. 142 Seiten mit 49 Abbildungen. 1954. *(Band 1140)*

Werkzeugmaschinen für Metallbearbeitung. Von K. P. MATTHES
BAND I: 100 Seiten mit 27 Abbildungen, 11 Zahlentafeln im Text und 1 Tafelanhang. 1954. *(Band 561)*

Die Gleichstrommaschine. Von KARL HUMBURG
BAND I: 102 Seiten mit 59 Abbildungen. 1949.
BAND II: 98 Seiten mit 38 Abbildungen. 1949. *(Band 257, 881)*

Die synchrone Maschine. Von KARL HUMBURG
109 Seiten mit 78 Bildern. 1951. *(Band 1146)*

Transformatoren. Von WILHELM SCHÄFER
2. Auflage. 128 Seiten mit 74 Abbildungen. 1949. *(Band 952)*

Die komplexe Berechnung von Wechselstromschaltungen.
Von H. H. MEINKE
160 Seiten mit 114 Abbildungen. 1949. *(Band 1156)*

Theoretische Grundlagen zur Berechnung der Schaltgeräte.
Von FRITZ KESSELRING
3. Auflage. 144 Seiten mit 92 Abbildungen. 1950. *(Band 711)*

Elektromotorische Antriebe. (Grundlagen für die Berechnung)
Von A. SCHWAIGER
3., neubearbeitete Auflage. 96 Seiten mit 34 Abbildungen. 1952. *(Band 827)*

Überspannungen und Überspannungsschutz. Von G. FRÜHAUF
Durchgesehener Neudruck. 122 Seiten mit 98 Abbildungen. 1950. *(Band 1132)*

Gießereitechnik. Von H. JUNGBLUTH
BAND I: Eisengießerei. 126 Seiten mit 44 Abbildungen. 1951. *(Band 1159)*

Über die weiteren Bände und Gruppen der SAMMLUNG GÖSCHEN unterrichtet Sie ein 16 seitiges Gesamtverzeichnis! Sie erhalten es kostenlos bei Ihrem Buchhändler.

WALTER DE GRUYTER & CO. / BERLIN W 35

FSC
www.fsc.org
MIX
Papier | Fördert
gute Waldnutzung
FSC® C083411

Zeitfracht Medien GmbH
Ferdinand-Jühlke-Straße 7
99095 Erfurt, Deutschland
produktsicherheit@kolibri360.de